全国技工院校机械类专业通用（高级技能层级）

金属切削原理与刀具（第五版）习题册

中国劳动社会保障出版社

简介

本习题册是全国技工院校机械类专业通用教材（高级技能层级）《金属切削原理与刀具（第五版）》的配套用书。本习题册紧扣教学要求，按照教材章节顺序编排，知识点分布均衡，题型丰富多样，难易配置适当，有助于学生复习巩固所学知识。

本习题册由洪惠良主编，魏小兵参编。

图书在版编目(CIP)数据

金属切削原理与刀具（第五版）习题册/洪惠良主编. --北京：中国劳动社会保障出版社，2018

全国技工院校机械类专业通用：高级技能层级

ISBN 978-7-5167-3632-6

Ⅰ.①金… Ⅱ.①洪… Ⅲ.①金属切削-技工学校-习题集②刀具（金属切削）-技工学校-习题集 Ⅳ.①TG501-44②TG71-44

中国版本图书馆 CIP 数据核字(2018)第 189594 号

中国劳动社会保障出版社出版发行

（北京市惠新东街 1 号 邮政编码：100029）

*

涿州市星河印刷有限公司印刷装订 新华书店经销

787 毫米×1092 毫米 16 开本 4.75 印张 111 千字

2018 年 8 月第 1 版 2025 年 2 月第 9 次印刷

定价：9.00 元

营销中心电话：400-606-6496

出版社网址：http://www.class.com.cn

http://jg.class.com.cn

目　录

第一章　金属切削加工的基本知识 …………………………………………（1）
第一节　切削运动………………………………………………………………（1）
第二节　切削要素………………………………………………………………（2）

第二章　金属切削刀具的基本知识 …………………………………………（5）
第一节　刀具材料………………………………………………………………（5）
第二节　切削刀具的分类及结构………………………………………………（9）
第三节　刀具的几何角度………………………………………………………（9）
第四节　刀具的工作角度………………………………………………………（13）

第三章　切削加工的主要规律…………………………………………………（15）
第一节　切削变形………………………………………………………………（15）
第二节　切屑的类型与控制……………………………………………………（16）
第三节　积屑瘤…………………………………………………………………（19）
第四节　切削力与切削功率……………………………………………………（20）
第五节　切削热与切削温度……………………………………………………（23）
第六节　刀具磨损与刀具耐用度………………………………………………（25）

第四章　切削加工质量与效率…………………………………………………（28）
第一节　工件材料的切削加工性………………………………………………（28）
第二节　已加工表面质量………………………………………………………（29）
第三节　切削用量的选择………………………………………………………（31）
第四节　切削液…………………………………………………………………（33）

第五章　车刀……………………………………………………………………（35）
第一节　焊接式车刀……………………………………………………………（35）

第二节　可转位车刀…………………………………………………………………………（37）
第三节　成形车刀…………………………………………………………………………（39）

第六章　孔加工刀具 ……………………………………………………………………（41）
第一节　麻花钻……………………………………………………………………………（41）
第二节　深孔钻……………………………………………………………………………（43）
第三节　铰刀………………………………………………………………………………（44）
第四节　镗刀………………………………………………………………………………（46）
第五节　其他孔加工刀具…………………………………………………………………（47）

第七章　铣刀 ……………………………………………………………………………（49）
第一节　铣刀的种类及用途………………………………………………………………（49）
第二节　铣刀的几何参数及铣削要素……………………………………………………（51）
第三节　铣削方式…………………………………………………………………………（52）

第八章　拉刀 ……………………………………………………………………………（54）
第一节　拉刀的种类………………………………………………………………………（54）
第二节　拉刀的结构组成及主要参数……………………………………………………（54）
第三节　拉削方式…………………………………………………………………………（56）
第四节　拉刀的使用与刃磨………………………………………………………………（57）

第九章　螺纹刀具 ………………………………………………………………………（59）
第一节　螺纹车刀…………………………………………………………………………（59）
第二节　丝锥和板牙………………………………………………………………………（60）
第三节　螺纹铣刀…………………………………………………………………………（61）
第四节　塑性变形法加工螺纹……………………………………………………………（61）

第十章　齿轮加工刀具 …………………………………………………………………（63）
第一节　齿轮刀具的种类…………………………………………………………………（63）
第二节　齿轮滚刀…………………………………………………………………………（63）
第三节　蜗轮滚刀…………………………………………………………………………（65）
第四节　插齿刀……………………………………………………………………………（66）

第五节　剃齿刀……………………………………………………………………（66）

第十一章　数控加工刀具及工具系统 ……………………………………………（68）
第一节　数控加工刀具……………………………………………………………（68）
第二节　数控加工工具系统………………………………………………………（70）

第一章　金属切削加工的基本知识

第一节　切削运动

一、填空题（将正确答案填写在横线上）

1. 切削加工时，______与______的相对运动称为切削运动。按照在切削过程中所起的作用不同，切削运动可划分为______运动和______运动两类。

2. 在切削加工过程中，工件上会形成三个不断变化着的表面，即____________表面、__________表面和________表面。

3. ________是切除工件上多余金属的必备运动，是机床的主要运动，它可以是______，也可以是________________。

二、判断题（正确的在括号内打“√”，错误的在括号内打“×”）

1. 主运动的特征是速度高，消耗的功率大。（　　）
2. 进给运动的速度较低，消耗功率较小且数量不限一个。（　　）
3. 机床上总是工件完成主运动，而刀具完成进给运动。（　　）
4. 拉床上只有拉刀的直线移动才属于进给运动。（　　）
5. 刨床上工件（刀具）的直线往复运动是主运动。（　　）
6. 钻孔时钻头转动并沿轴向移动，所以钻头的运动是主运动。（　　）

三、选择题（将正确答案的序号填写在括号内）

1. 各种机床上（　　）有且只有一个。
   A. 切削运动　B. 主运动　C. 进给运动　D. 刀具的运动
2. 切削加工中，主切削刃正在切削的表面是（　　）。
   A. 已加工表面　B. 待加工表面　C. 过渡表面　D. 毛坯表面
3. 车削加工的运动形式是（　　）。
   A. 工件转动，刀具移动　B. 工件转动，刀具作往复直线运动
   C. 工件不动，刀具回转并移动　D. 工件移动，刀具转动
4. 在铣床上铣削加工时，（　　）是主运动。
   A. 铣刀的转动　B. 工件垂直方向的移动
   C. 工件的横向移动　D. 工件的纵向移动
5. 切削运动中（　　）是机床上的必备运动。

A. 主运动　　B. 进给运动　　C. 刀具移动　　D. 工件转动

6.（　　）是靠刀具与工件之间作相对运动来完成的。

A. 焊接　　B. 金属切削加工　　C. 锻造　　D. 切割

7. 在钻床上钻孔时，钻头的旋转运动是（　　）运动。

A. 主　　B. 进给　　C. 切削　　D. 工作

四、简答题

1. 主运动与进给运动的区别在哪里？一般进给运动是否都是一个？

2. 写出下表中各种切削加工方法的主运动。

序号	切削加工方法	主运动
1	车削加工	工件的旋转运动
2	铣削加工	
3	钻削加工	
4	镗削加工	
5	刨削加工	

第二节　切削要素

一、填空题（将正确答案填写在横线上）

1. 切削用量是衡量________和__________大小的参数，也是切削前操作者调整机床的依据。它包括__________、__________和__________三个要素。

2. 切削层参数包括____________、____________和____________三要素。

3. 进给量或进给速度会在普通机床的铭牌上给出。例如，车床的铭牌上给出的是________，而铣床的铭牌上给出的是________。

二、判断题（正确的在括号内打“√”，错误的在括号内打“×”）

1. 背吃刀量又叫作切削深度。（　　）

2. 工件每转一分钟车刀沿进给方向移动的距离称为进给量。（　　）

3. 进给量和进给速度都是衡量进给运动大小的参数。（　　）

4. 实际生产中，根据切削条件先选定切削速度，再确定主轴转速并调整机床。（　　）

5. 由于切削刃上各点相对于工件的旋转半径不同，所以切削刃上各点的切削速度也不同，通常取最大值。（　　）

6. 钻孔时钻头主切削刃上各点的切削速度相同。（　　）

7. 切削层是指毛坯表面多余的那层金属。（　　）

8. 刀具主偏角的大小影响切削层面积的大小。（　　）

9. 切削层面积的大小由背吃刀量 a_p 和进给量 f 确定。（　　）

10. 实际的切削层面积 A_{ce} 比 A_c 要大。（　　）

11. 车削时，切削层参数在基面内测量。（　　）

三、选择题（将正确答案的序号填写在括号内）

1. 钻孔时，孔径越小，选取的钻头转速（　　）。
   A. 越高　B. 越低　C. 任意　D. 与孔径大小无关
2. 钻孔时，背吃刀量等于（　　）。
   A. 钻头直径　B. 钻头直径的一半
   C. 孔深　D. 钻头半径的一半
3. （　　）的大小直接影响着刀具主切削刃的工作长度。
   A. 背吃刀量　B. 进给量　C. 切削速度　D. 切削运动
4. 切削厚度与切削宽度随刀具（　　）的变化而变化。
   A. 前角　B. 后角　C. 主偏角　D. 副偏角
5. （　　）反映了切削刃单位长度上的工作负荷。
   A. 切削厚度　B. 切削宽度　C. 切削层面积　D. 切削层尺寸
6. （　　）相当于主切削刃工作长度在基面上的投影。
   A. 切削厚度　B. 切削宽度　C. 切削层面积　D. 切削层尺寸
7. （　　）于工件过渡表面测得的切削层尺寸称为切削厚度。
   A. 平行　B. 垂直　C. 相交　D. 斜交
8. 垂直于工件过渡表面测得的切削层尺寸称为（　　）。
   A. 切削厚度　B. 切削宽度　C. 切削层面积　D. 切削层尺寸
9. 平行于工件（　　）表面测得的切削层尺寸称为切削宽度。
   A. 已加工　B. 待加工　C. 过渡　D. 台阶

四、名词解释

1. 背吃刀量

2. 进给量

3. 切削速度

4. 切削厚度

5. 切削宽度

6. 切削层面积

五、计算题

1. 车削一直径为 80 mm 的轴，现要一次进给车削至 70 mm，若车床主轴转速为 500 r/min，求背吃刀量和切削速度。

2. 车削一毛坯直径为 60 mm 的轴，要一次进给车削至直径为 50 mm，选用 $f=0.5$ mm/r，车刀的主偏角 $\kappa_r=90°$，刃倾角 $\lambda_s=0°$，求切削厚度、切削宽度和切削层面积。

第二章　金属切削刀具的基本知识

第一节　刀 具 材 料

一、填空题（将正确答案填写在横线上）

1. 刀具材料可分为________（包括________钢、__________钢和______钢）、__________、_____和__________四大类。

2. 碳素工具钢及合金工具钢的_____性较差，但具有_____强度高、刃磨性能好、热塑性好、价格低廉等优点，故广泛用于制造_________切削刀具和_______刀具，如锉刀、锯条、丝锥、板牙、铰刀等。

3. 高速钢是含有_______、_______、_______、_______等合金元素较多的合金工具钢，亦称为____钢、____钢。

4. 高速钢具有较高的_______、_______及良好的刃磨性能，能承受较大的_____力和_____力。

5. ________常用于制造形状复杂的刀具。

6. 高速钢的_______较差，其耐热温度为______________，允许的最高切削速度为_____m/min。

7. 普通高速钢按钨、钼质量分数的不同，分为________高速钢和_______高速钢，主要牌号有__________、_________和__________。

8. 硬质合金的硬度、耐磨性、耐热性均_______高速钢，其耐热温度可达_______，允许的切削速度为高速钢的数倍。

9. 硬质合金的缺点是__________和__________较低、_____性大，因此不耐_______和_______。

10. 超硬刀具材料主要包括________和__________两类。

11. 由于金刚石与_________原子的亲和性强，易使其丧失切削能力，故不宜用于加工_____材料。

12. 高性能高速钢主要有___________________、___________________、___________________

二、判断题（正确的在括号内打“√”，错误的在括号内打“×”）

1. 刀具切削性能的好坏，关键取决于刀具切削部分的材料。（　　）

2. 通常刀具材料的硬度越高，强度和韧性越低。（　　）

3. 刀具的耐磨性越好，允许的切削速度越高。（ ）

4. 刀具材料的耐热性是指刀具在高温下保持高硬度、高强度的性能，并具有良好的抗扩散、抗氧化的能力。（ ）

5. 普通高速钢常用于制造钻头。（ ）

6. 高性能高速钢能切削不锈钢。（ ）

7. 高速钢车刀不仅用于高速切削，也常用于冲击、振动较大的场合。（ ）

8. 钴高速钢有良好的综合性能，可用于切削高温合金、不锈钢等难加工材料。（ ）

9. 硬质合金的性能主要取决于金属碳化物的种类、性能、数量、粒度和黏结剂的含量。（ ）

10. YT5 比 YT15 抗弯强度高，而 YT15 比 YT30 抗弯强度高。（ ）

11. 涂层硬质合金中的涂层有单涂层、双涂层和多涂层，各种涂层材料的性质不同，可用于不同的场合。（ ）

12. YN 类硬质合金可进行淬火钢的断续切削。（ ）

13. 硬质合金是用硬度和熔点很高的碳化物粉末和金属黏结剂经粉末冶金工艺制成的。（ ）

14. 切削含钛的不锈钢应选用钨钛钴（YT）类硬质合金。（ ）

15. YW2 硬质合金适用于半精加工和精加工。（ ）

16. 陶瓷材料可用于冲击力较大的切削场合。（ ）

17. 陶瓷材料适用于精加工和半精加工硬度高的材料。（ ）

18. 陶瓷刀具的主要缺点是抗弯强度低、冲击韧性和导热性能差。（ ）

19. 人造金刚石可用于制造砂轮。（ ）

20. 金刚石的热稳定性好，可在 800℃的高温下切削各种材料。（ ）

21. 金刚石车刀的刀刃可以磨得非常锋利，可对有色金属进行精密和超精密高速车削加工。（ ）

22. 刀具材料中，耐热性由低到高的排列次序是：碳素工具钢→合金工具钢→高速钢→硬质合金。（ ）

23. 钨钴类硬质合金（YG）因其韧性、磨削性能和导热性好，主要用于加工脆性材料、有色金属及非金属。（ ）

三、选择题（将正确答案的序号填写在括号内）

1. 刀具材料的硬度越高，耐磨性（ ）。

A. 越差　　B. 越好　　C. 不变　　D. 消失

2. 刀具材料允许的切削速度的高低取决于其（ ）的高低。

A. 硬度　　B. 强度、韧性　　C. 耐磨性　　D. 耐热性

3. 在普通高速钢中加入一些其他合金元素，如（ ）等，以提高其耐热性和耐磨性，这就是高性能高速钢。

A. 镍、铝　　B. 钒、铝　　C. 钴、铝

4. YG8 硬质合金，其中数字 8 表示（ ）含量的百分数。

A. 碳化钛　　B. 钨　　C. 碳化钨　　D. 钴

5. YT30 硬质合金，其中数字 30 表示（　　）含量的百分数。

A. 碳化钛　　B. 钨　　C. 碳化钨　　D. 钴

6. 精车 45 钢应选用（　　）牌号的硬质合金刀具。

A. YT5　　B. YG3　　C. YG8　　D. YT30

7. 粗车 45 钢应选用（　　）牌号的硬质合金刀具。

A. YT5　　B. YT15　　C. YT25　　D. YT30

8. 精车铸铁工件应选用（　　）牌号的硬质合金刀具。

A. YG3　　B. YG6　　C. YG8　　D. YG10

9. 粗车不锈钢工件应选用（　　）牌号的硬质合金刀具。

A. YT5　　B. YT15　　C. YT30　　D. YW2

10. TiC（碳化钛）基硬质合金是以 TiC 为主要成分，用镍或钼做黏结剂烧结而成的，其代号为（　　）。

A. YT　　B. YG　　C. YN　　D. YW

11. 两种硬质合金刀具材料 YG3 和 YG8 相比，YG3 的硬度、耐磨性和允许的切削速度（　　）YG8。

A. 高于　　B. 低于　　C. 等于　　D. 无法比较

12. 陶瓷刀具对冲击力（　　）敏感。

A. 很不　　B. 十分　　C. 一般　　D. 不

13. 切削时，刀具要承受较大的切削力与冲击力，所以必须具有（　　）。

A. 高的硬度　　B. 高的耐磨性

C. 耐热性　　D. 足够的强度和韧性

14. 形状复杂、精度较高的刀具应选用的材料是（　　）。

A. 工具钢　　B. 碳素钢　　C. 硬质合金　　D. 高速钢

15. 加工塑性金属材料常选用（　　）类硬质合金。

A. YN　　B. YT　　C. YG　　D. YW

16. （　　）类硬质合金适用于钢的精加工。

A. YN　　B. YT　　C. YG　　D. YW

17. 为提高刀具寿命，使切削温度降低，刀具材料应具有良好的（　　）性。

A. 耐热　　B. 耐磨　　C. 导热　　D. 吸热

18. 适用于制造丝锥、板牙等形状复杂工具的材料是（　　）。

A. 碳素工具钢　　B. 合金工具钢　　C. 高速钢　　D. 硬质合金

四、简答题

1. 刀具材料应具备哪些基本性能？

2. 简述陶瓷刀具材料的主要特点及应用。

3. 简述金刚石的主要特点及应用。

4. 简述立方氮化硼的主要特点及应用。

5. 简述普通高速钢的主要牌号、性能特点及应用。

第二节　切削刀具的分类及结构

一、填空题（将正确答案填写在横线上）

1. 刀具按主切削刃数量不同可分为______刀具和________刀具。

2. 刀具按结构的不同可分为________式、________式和________式三类。

3. 刀具在切削部分的结构组成上都具有“两面一刃”的楔形结构，组成切削部分的要素均为________、________和________。

4. 刀具按应用场合分类可划分为______、______、______、______、______、______、________。

5. 为了提高主切削刃的强度，可以变线为面，磨出________。其可以是平面或圆弧面。

二、判断题（正确的在括号内打“√”，错误的在括号内打“×”）

1. 单刃刀具是指有一条切削刃的刀具。（　）

2. 铣刀、铰刀、丝锥属于多刃刀具。（　）

3. 前面是指切屑流经的刀面。（　）

4. 主后面是指切削时与工件已加工表面相对的刀面，而副后面是指与工件过渡表面相对的刀面。（　）

5. 主切削刃是主后面与前面的交线，担负主要的切削工作。（　）

6. 通过刃磨倒棱提高刀尖强度，刃磨过渡刃提高切削刃的强度。（　）

7. 刀具结构不同，构成刀具切削部分的刀面、刀刃和刀尖的数量、形状也不同。（　）

第三节　刀具的几何角度

一、填空题（将正确答案填写在横线上）

1. 参考系是用来________和________刀具角度的参考平面，是具有一定空间位置的假想平面。刀具几何角度就是________、________与参考系平面的夹角。

2. 用来确定刀具几何角度的参考系有两大类：________参考系和________参考系。

3. 标注参考系是刀具________、________、________与________的基准；工作参考系是确定________状态中刀具角度的基准。

4. 刀具的标注参考系有____________参考系、____________参考系、____________参考系、__________参考系，最常用的是__________参考系。

5. 正交平面参考系由________、________与________组成，符号表示为__________。

6. 选择前角的基本原则是：____________，即在保证刀具有足够强度的前提下，力求________；在使刀具锋利的同时，设法强化____________。

7. 基面内测量的角度有________、________、________。刃倾角 λ_s 在__________测量。

二、判断题（正确的在括号内打“√”，错误的在括号内打“×”）

1. 正交平面参考系的三个平面在空间相互垂直。（ ）
2. 要确定刀具几何角度，首先要确定参考系平面的空间位置。（ ）
3. 车刀的基面是通过选定点的水平面。（ ）
4. 车刀的切削平面是通过切削刃的铅垂面。（ ）
5. 在刀具设计图上标注的角度是标注角度。（ ）
6. 在基面内测量的刀具角度有主偏角、副偏角和刀尖角。（ ）
7. 刃倾角在正交平面内测量。（ ）
8. 前角、后角、刃倾角都有正、负、零的规定。（ ）
9. 车刀刀具图常采用简单画法。（ ）
10. 车刀刀具图采用投影图、向视图、截面图绘制，必要时作局部放大图。（ ）
11. 能够减小刀具与工件之间摩擦的角度有主后角、副后角、副偏角。（ ）
12. 增大刀具前角可以使切削刃更锋利，切削省力，排屑更顺利。（ ）
13. 当刀具后角不变时，增大前角可使楔角增大、刀具强度提高。（ ）
14. 副偏角主要影响工件的表面粗糙度，常取较小值。（ ）
15. 粗加工、断续切削和带冲击的切削，应选负值刃倾角的刀具。（ ）
16. 在刀具强度许可的条件下，尽量选用较大的前角。（ ）
17. 前角和后角根据工件材料的软硬程度，可取正值也可取负值。（ ）
18. 主偏角为90°的车刀比主偏角为45°的车刀散热性能好。（ ）
19. 副偏角影响背向力和进给力的大小。（ ）
20. 粗加工和断续切削时，切削力大并常有冲击力，为使切削刃有足够的强度，应取较小的前角。（ ）
21. 增大主后角可减小主后面与工件之间的摩擦并使刀具刃口锋利。（ ）
22. 粗加工、强力车削、工艺系统刚度不足时，应取较大的主偏角。（ ）
23. 刀具的刃倾角越小，刀尖部分的强度越高，散热性能越好。（ ）
24. 当刃倾角 $\lambda_s \neq 0°$ 时，切削过程较平稳。（ ）
25. 车刀采用负值刃倾角可以提高刀头强度，保护刀尖。（ ）

三、选择题（将正确答案的序号填写在括号内）

1. 定义刀具标注角度的参考系是（ ）参考系。

A. 标注　B. 工作　C. 动态　D. 正交平面

2. 主切削刃和副切削刃在基面上投影的夹角叫作（ ）。

A. 前角　B. 主偏角　C. 刀尖角　D. 刃倾角

3. 前面与切削平面之间的夹角小于90°时，前角为（ ）。

A. 负　B. 正　C. 零

4. 刀尖处在切削刃的最高位置时，刃倾角为（　　）值。

A. 正　　B. 负　　C. 零

5. 通常刀具的后角取（　　）值。

A. 负　　B. 正　　C. 零

6. 加工脆性金属材料时应选用（　　）的前角。

A. 负值　　B. 较大　　C. 较小　　D. 正值

7. 高速钢刀具可比硬质合金刀具的前角磨得（　　）。

A. 大些　　B. 小些　　C. 相同　　D. 无确定的大小关系

8. 加工塑性金属材料时应选用（　　）的后角。

A. 负值　　B. 较大　　C. 较小　　D. 大小均可

9. 精加工时，选择后角应以保证加工质量为主，一般取 α_o=（　　）。

A. 4°～6°　　B. 6°～8°　　C. 8°～12°　　D. 12°～16°

10. 工艺系统刚度较差时，应取（　　）的后角。

A. 负值　　B. 较大　　C. 较小　　D. 大小均可

11. 车削细长轴和薄壁件时，硬质合金车刀的合理主偏角是（　　）。

A. 45°～60°　　B. 70°～75°　　C. 80°～93°　　D. 60°～70°

12. 微量切削可取（　　）的刃倾角，使切削刃锋利。

A. 负值　　B. 较大　　C. 较小　　D. 大小均可

13. 当刃倾角为正值时，切屑流向工件（　　）。

A. 已加工表面　　B. 待加工表面　　C. 过渡表面　　D. 后面

14. 在正交平面内测量的角度有（　　）。

A. 前角和后角　　B. 主偏角和副偏角

C. 刀尖角和刃倾角　　D. 刀尖角和楔角

15. 前角、后角、楔角之和为（　　），主偏角、副偏角、刀尖角之和为（　　）。

A. 90°　180°　　B. 180°　90°　　C. 90°　90°　　D. 180°　180°

四、名词解释

1. 基面

2. 切削平面

3. 正交平面

4. 后角

五、简答题

1. 在下表中写出普通外圆车刀六个基本角度的名称、符号及定义。

名称	符号	定义

2. 前角的作用是什么？

3. 主偏角的作用是什么？

4. 刃倾角有哪些作用？

5. 主偏角如何选择？

第四节　刀具的工作角度

一、填空题（将正确答案填写在横线上）

1. 以切削过程中刀具与工件的实际________和____________为基础建立的参考系称为工作参考系。

2. 合成切削速度角是____________方向与________________方向之间的夹角。

3. 由于切削运动的影响，____________和____________的位置发生了变化，引起工作角度也发生了变化。

4. 车刀安装的高低会引起车刀__________角和____________角的变化。

5. 安装车刀时，若刀杆中心线与进给方向不垂直，会引起__________角和__________角变化。

二、判断题（正确的在括号内打“√”，错误的在括号内打“×”）

1. 由于进给运动通常在合成切削运动中所起的作用很小，一般可用标注角度代替工作角度。（　　）

2. 当刀具角度相同、切削条件不同时，其工作角度也不同。（　　）

3. 一般车削外圆时的合成切削速度角很小，其对切削加工的影响可忽略不计。（　　）

4. 当车刀刀尖高于工件中心时，纵车和横车工作角度的变化情况不同。（　　）

5. 在加工大导程的螺纹和蜗杆时，不需要考虑进给运动对刀具角度的影响。（　　）

6. 车外圆和内孔时，车刀安装的高低对前、后角的影响相同。（　　）

三、选择题（将正确答案的序号填写在括号内）

1. 工件直径减小或进给量增大后，车刀的工作后角（　　）。

A. 减小　　B. 增大　　C. 不变　　D. 不受影响

2. 当车刀刀尖高于工件中心时，车刀的工作前角比刃磨前角（　　）。

A. 小　　B. 大　　C. 不变　　D. 无确定的大小关系

3. 横车时，受进给运动的影响，车刀的工作后角为（　　）。

A. $\alpha_o+\eta_o$　　B. $\alpha_o-\eta_o$　　C. 不变　　D. 零

4. 切断过程中，随着工件直径的减小，车刀的工作后角（　　）。

A. 减小　　B. 增大　　C. 不变　　D. 无确定的大小关系

四、作图题

下图所示为切断刀切断工件的安装示意图，当刀尖高于工件中心时，作图说明工作角度的变化情况。

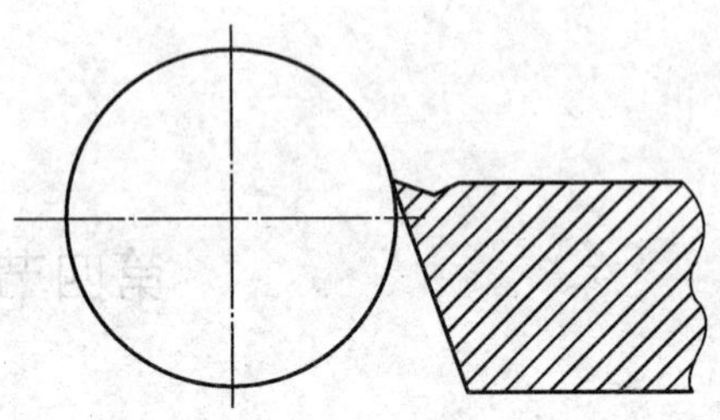

第三章 切削加工的主要规律

第一节 切削变形

一、填空题（将正确答案填写在横线上）

1. 被切金属层在刀具切削刃的______、______和前面的________作用下，发生变形后与工件分离，形成了切屑。

2. 切削区金属的变形一般可分为三个变形区：第Ⅰ变形区主要产生____________变形；第Ⅱ变形区主要是______________变形；第Ⅲ变形区主要是______________变形。

3. 被切金属层经切削变形后形成切屑，其长度__________、厚度________的现象，称为__________________。

4. 切屑收缩变形的程度用______________衡量。

二、判断题（正确的在括号内打“√”，错误的在括号内打“×”）

1. 切屑的卷曲和前面的挤压有关。 （　　）

2. 切削变形系数可直观地反映出切削过程中金属变形的程度。 （　　）

3. 有效控制切削变形系数，也就是有效控制切削变形程度，从而可以保证工件表面质量，提高生产率。 （　　）

4. 切屑厚度通常与切削层的厚度相同。 （　　）

5. 切削同一种材料时，若切削变形系数很大，则说明切削条件差。 （　　）

6. 在相同条件下切削不同的材料，切削变形系数大的材料塑性差。 （　　）

三、选择题（将正确答案的序号填写在括号内）

1. 切削加工中，通常切屑的长度比切削层的长度（　　）。

A. 短　　B. 长　　C. 相同　　D. 无确定关系

2. 切削变形系数总是（　　）1。

A. 大于　　B. 小于　　C. 等于　　D. 大于或等于

3. 切削同一种塑性金属材料，若只增大刀具前角，可使切削变形系数（　　）。

A. 增大　　B. 减小　　C. 不变　　D. 不受影响

4. 工件已加工表面出现加工硬化现象发生在第（　　）变形区。

A. Ⅰ　　B. Ⅱ　　C. Ⅲ　　D. Ⅳ

四、简答题

在下图中标出三个变形区的位置，写出三个变形区的名称。

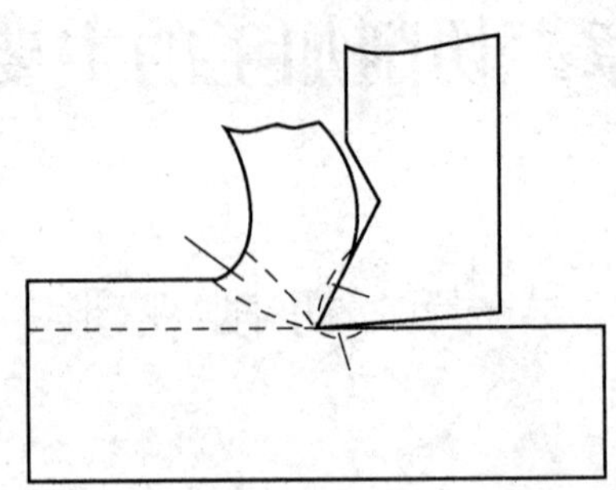

第二节　切屑的类型与控制

一、填空题（将正确答案填写在横线上）

1. 从切削变形的原理分析，由于工件材料不同、切削条件不同、切削变形程度不同，分别可形成______切屑、________切屑、______切屑和______切屑。

2. 切削塑性金属材料时，形成______切屑是最理想的。但需辅以适当的__________、__________措施。

3. 切屑的折断过程可概括为________________________________。

4. 在正交平面中，常用的断屑槽形状有三种：________________断屑槽、__________断屑槽和__________断屑槽。

5. 从基面上看，断屑槽的形状有__________、__________和__________。

6. 影响断屑的因素包括________、____________和__________三个方面。

7. 断屑槽宽度 L_{Bn} 必须与____________和__________联系起来考虑。当进给量和背吃刀量取较小值时，断屑槽宽度也应适当________。

8. 切削用量中对断屑影响最大的是__________，其次是____________和____________。

9. 刃倾角通过控制____________来影响断屑。

二、判断题（正确的在括号内打“√”，错误的在括号内打“×”）

1. 节状切屑又叫作挤裂切屑，粒状切屑又叫作单元切屑。（　　）

2. 切削塑性金属材料时，若产生单元切屑，则必须改善其切削条件。（　　）

3. 切削塑性金属材料时，若选择较小的切削厚度、较高的切削速度和较大的前角就会形成挤裂切屑。（　）

4. 切削脆性金属材料可形成崩碎切屑。（　）

5. 切削同一种金属材料一定会形成同一种切屑。（　）

6. 在车刀角度中，对断屑影响较大的是前角和后角。（　）

7. 获得带状切屑的优点是切削过程比较平稳，切削力的变化、波动小，不易发生刀具崩刃，获得的已加工表面的表面粗糙度值小。（　）

8. 当以很低的切削速度、很大的切削厚度、很小的刀具前角切削塑性材料时，常会获得粒状切屑。（　）

9. 带状切屑的显著特点是内表面局部有裂纹，外表面呈锯齿形。（　）

10. 加工塑性金属时，可以通过改变切削条件而使切屑形态发生变化。（　）

11. 车削时，良好切屑形态的主要标志是：不缠绕，不飞溅，不损伤工件、刀具和车床，不影响安全操作。（　）

12. 前角相同时，圆弧型断屑槽的切削刃强度要比直线圆弧型断屑槽的切削刃强度高。（　）

13. 具有直线圆弧型和直线型断屑槽的刀具更适合加工脆性材料。（　）

14. 一般情况下，减小断屑槽宽度，可减小切屑的卷曲半径，从而减小切屑的弯曲变形和弯曲应力，更容易断屑。（　）

15. 切削合金钢时，为使切屑变形增大，容易断屑，常采用外斜式断屑槽。（　）

16. 背吃刀量和进给量一定时，主偏角越大，断屑越容易。（　）

17. 切屑形成过程是金属切削层在刀具作用力的挤压下，沿着与待加工面近似成45°夹角滑移的过程。（　）

18. 切屑在形成过程中往往塑性和韧性提高，脆性降低，使断屑形成了内在的有利条件。（　）

三、选择题（将正确答案的序号填写在括号内）

1. 加工塑性金属时，若刀具前角较大，切削速度较高，切削厚度较小，则容易产生（　）切屑。

A. 带状　　B. 节状　　C. 粒状　　D. 崩碎

2. 切削时，若形成的是挤裂切屑，当把刀具前角增大，切削厚度减小时，可得到（　）切屑。

A. 带状　　B. 节状　　C. 粒状　　D. 崩碎

3. 切削（　）金属时不必考虑断屑问题。

A. 塑性　　B. 脆性　　C. 合金钢　　D. 工具钢

4. （　）切屑内表面光滑，外表面呈毛茸状。

A. 带状　　B. 节状　　C. 粒状　　D. 崩碎

5. （　）切屑内表面局部有裂纹，外表面呈锯齿形。

A. 带状　　B. 节状　　C. 粒状　　D. 崩碎

6. 加工纯铜、不锈钢等高塑性材料时，用（　）断屑槽效果较好。

A. 直线圆弧型　　B. 直线型　　C. 圆弧型　　D. A和B

7. 采用较大的背吃刀量切削时，一般采用（　　）断屑槽。

A. 外斜式　　B. 内斜式　　C. 平行式　　D. 以上三者均可

8. （　　）断屑槽适用的切削用量的范围较小，主要适用于半精车和精车。

A. 外斜式　　B. 内斜式　　C. 平行式　　D. A和B

9. 实际生产中，主偏角为（　　）时断屑效果较好。

A. 30°～50°　　B. 45°～60°　　C. 75°～90°　　D. 60°～75°

10. 实际加工中，获得（　　）切屑时不必考虑断屑问题。

A. 带状　　B. 节状　　C. 粒状　　D. 崩碎

11. 出屑角（　　）时，易产生盘状螺旋屑。

A. 很小　　B. 很大　　C. 较大　　D. 最大

12. 出屑角（　）时，易产生管状螺旋屑或连续带状屑。

A. 很小　　B. 较大　　C. 较小　　D. 最大

13. 切削塑性金属时，切削速度越高越（　　）断屑。

A. 容易　　B. 不容易　　C. 不一定　　D. 不影响

四、简答题

1. 较好的屑形有哪几种？

2. 切削用量中对断屑影响最大的要素是什么？如何影响？

3. 试分析切削速度、刀具前角和切削厚度（进给量）对切削变形的影响。

4. 简述断屑槽对断屑的影响及适用范围。

第三节 积 屑 瘤

一、填空题（将正确答案填写在横线上）

1. 以______切削速度切削______金属材料时，经常会有一小块呈楔状的金属（工件材料）牢固地黏结在靠近刀刃的______上，这就是积屑瘤，也称为________。

2. 切削用量三要素中对产生积屑瘤影响最大的是___________。

3. 切削时产生积屑瘤会________工件表面粗糙度值。

二、判断题（正确的在括号内打“√”，错误的在括号内打“×”）

1. 积屑瘤的硬度与工件材料硬度一样。（ ）
2. 切削速度低或高都不易产生积屑瘤。（ ）
3. 切削脆性金属材料不会产生积屑瘤。（ ）
4. 积屑瘤的形成主要取决于切削温度，切削温度越高越容易形成。（ ）
5. 以中等切削速度切削钢件一定不会产生积屑瘤。（ ）
6. 精加工塑性金属时，一定要设法避免产生积屑瘤。（ ）
7. 车刀上有积屑瘤时，刀具的磨损加剧。（ ）
8. 积屑瘤有保护刀具的作用，因此精车时允许积屑瘤存在。（ ）
9. 有了积屑瘤后，刀具实际前角就会增大。（ ）
10. 表面粗糙度值大的刀具在切削时不容易产生积屑瘤。（ ）
11. 使用切削液可降低切削温度，控制积屑瘤的产生。（ ）

三、选择题（将正确答案的序号填写在括号内）

1. 以（ ）m/min 的切削速度切削钢件时最容易产生积屑瘤。

A. 2～10　B. 15～20　C. 80～120　D. 70～110

2. 切削塑性金属材料时，切削温度在（ ）时最容易产生积屑瘤。

A. 100℃左右　B. 300℃左右　C. 500～650℃　D. 700～800℃

3. 切削塑性金属时，（ ）刀具前角可抑制积屑瘤的产生。

A. 增大　B. 减小　C. 不改变　D. 以上都行

4. 积屑瘤主要是由于（ ）和（ ）剧烈摩擦后黏结而成的。

A. 切屑　B. 工件　C. 前面　D. 后面

四、简答题

1. 积屑瘤对切削加工有哪些影响？

2. 精加工塑性金属材料时应采取哪些措施避免产生积屑瘤?

3. 简述影响积屑瘤产生的因素。

第四节　切削力与切削功率

一、填空题（将正确答案填写在横线上）

1. 切削力是切削过程中________与________间产生的相互作用力，它大小______、方向________地作用在______与______上。

2. 切削力来源于切削过程中产生的 __________和________。

3. 通常将切削力分解成三个分力，即__________、________和__________，这三个分力在空间__________。其中，主切削力 F_c 与__________方向一致，背向力 F_p 与________方向一致，进给力 F_f 与________方向一致。

二、判断题（正确的在括号内打“√”，错误的在括号内打“×”）

1. 车削时背向力影响工件的形状精度是引起振动的主要因素。（　　）
2. 工件材料的强度、硬度越高，切削力就越大。（　　）
3. 主偏角增大时，背向力增大，进给力减小。（　　）
4. 切削塑性金属材料时，随着切削速度的变化，积屑瘤增大，切削力增大。（　　）
5. 切削脆性金属材料时，随着切削速度的提高，切削力不会有明显变化。（　　）
6. 切削时，使用切削液比干切削时的切削力大。（　　）
7. 切削功率即三个切削分力所消耗功率的总和。（　　）
8. 车削轴类工件时，背向力不消耗功率，因此加工时不必考虑其对加工质量造成的影响。（　　）
9. 影响切削力的因素主要包括工件材料的强度、硬度和塑性、韧性，刀具角度，切削用量，刀具材料，刀具的磨损情况等。（　　）
10. 切削塑性金属材料时，刀具前角的大小对切削力的影响不大。（　　）
11. 车削脆性金属材料时，由于变形和摩擦都较小，因此切削力一般要比切削塑性金属材料小。（　　）
12. 在主切削刃上磨出适当宽度的负倒棱，可提高切削刃的强度，但同时也会减小切削力。（　　）
13. 切削面积不变时，采用大进给量切削比采用大背吃刀量切削省力。（　　）
14. 刀具磨损后，切削力会增大。（　　）
15. 合理使用切削液，对减小切削力有明显的效果。（　　）
16. 车刀刀尖圆弧半径增大时，背向力减小。（　　）
17. 切削用量中，进给量增加一倍时，切削力也增大一倍。（　　）
18. 可以通过减小 F_c 或降低 v 的方法减小切削功率。（　　）

三、选择题（将正确答案的序号填写在括号内）

1. 车外圆时，主切削力（　　）于基面。

A. 垂直　　B. 平行　　C. 相交　　D. 斜交

2. 刀具角度中，对切削力影响最大的是（　　）。

A. 前角　　B. 后角　　C. 主偏角　　D. 刃倾角

3. 刀具角度中，对背向力影响最大的是（　　）。

A. 前角　　B. 后角　　C. 主偏角　　D. 刃倾角

4. 当工艺系统刚度差时，应选用主偏角为（　　）的刀具。

A. 60°～75°　　B. 80°～93°　　C. 45°～60°　　D. 任意大小

5. 当工艺系统刚度差时，应选用（　　）的刀尖圆弧半径。

A. 较小　　B. 较大　　C. 减小　　D. 任意大小

6. 切削正火后的 45 钢比切削调质后的 45 钢的切削力（　　）。

A. 大　　B. 小　　C. 相等　　D. 无确定的大小关系

7. 材料的强度、硬度相近时，塑性越好，切削力越（　　）。

A. 大　　B. 小　　C. 不变　　D. 不受影响

8. 切削功率不能（　　）机床电动机功率，否则无法切削。

A. 大于　　B. 小于　　C. 等于　　D. 小于或等于

9. 切削用量中，对切削力影响最大的是（　　）。

A. 切削速度　　B. 进给量　　C. 背吃刀量　　D. 进给速度

10. 切削用量中，进给量增大一倍，切削力约增大（　　）。

A. 一倍　　B. 70%～80%

C. 10%～20%　　D. 30%～40%

四、简答题

1. 切削力可分解成哪几个分力？各分力有何实用意义？

2. 切削用量的三要素是怎样影响切削力的？

3. 如何选择刀具几何参数以减小背向力？

4. 工件材料对切削力的影响是什么？

五、计算题

1. 某车床电动机功率为 5.5 kW，传动效率为 0.8。车削某钢件时，若选择背吃刀量为 5 mm，进给量为 0.25 mm/r，求机床功率允许条件下可选择的最高切削速度。

2. 一台 C620－1 型车床，$P_E=7$ kW，$\eta=0.8$，若以 $v=180$ m/min 的切削速度车削短轴，推算得 $F_c=1\ 700$ N，这台车床能否胜任？

第五节　切削热与切削温度

一、填空题（将正确答案填写在横线上）

1. 切削热来源于金属切削过程中的________和________。

2. 切削热由________、__________、________及周围介质传出。

3. 切削温度一般是指切屑、工件和刀具接触表面的平均温度，即__________的平均温度。

4. 切削用量中，对切削温度影响最大的是__________，其次是________，影响最小的是________________。

5. 当主偏角减小时，刀头的散热面积______，切削温度______。

二、判断题（正确的在括号内打“√”，错误的在括号内打“×”）

1. 切削温度一般是指切屑的温度。（　　）

2. 同一切削条件下切削的工件材料热导率越小，切削温度越低。（　　）

3. 切削硬度相当的材料，塑性金属比脆性金属产生的热量多。（　　）

4. 切削变形区金属的变形与摩擦是产生切削热的根本原因。（　　）

5. 车刀前角增大，消耗的功率和产生的切削热均相应减少。 （　　）

6. 从切削温度的角度分析，切削用量的选择以增大背吃刀量为宜。 （　　）

7. 车削不锈钢比车削中碳钢的切削温度低。 （　　）

8. 切削热主要来源于切削层金属的弹性变形和塑性变形、切屑与前面的摩擦、工件与后面的摩擦。 （　　）

9. 切削用量中，切削速度增大一倍时，切削温度约增高10%。 （　　）

10. 增大前角可减小切削变形、降低切削温度，因此前角越大越好。 （　　）

三、选择题（将正确答案的序号填写在括号内）

1. 不使用切削液车削时，传散热量最多的是（　　）。

A. 切屑　　B. 工件　　C. 刀具　　D. 周围介质

2. 不使用切削液钻削时，传散热量最多的是（　　）。

A. 切屑　　B. 工件　　C. 刀具　　D. 周围介质

3. 增大刀具（　　）、减小刀具（　　）均可降低切削温度。

A. 前角　　B. 主偏角　　C. 后角　　D. 副偏角

4. 切削强度和硬度高的材料，切削温度（　　）。

A. 较高　　B. 较低　　C. 不变　　D. 无确定关系

5. 刀具角度中对切削温度影响较大的是（　　）。

A. 前角、主偏角　　B. 主偏角、副偏角

C. 后角、前角　　D. 副偏角、刀尖角

6. 切削用量中对切削温度影响最大的是（　　）。

A. 切削速度　　B. 进给量　　C. 背吃刀量　　D. 进给速度

7. 切削用量中进给量增大一倍，切削温度约增高（　　）。

A. 一倍　　B. 20%～33%　　C. 10%　　D. 5%

8. 切削用量中背吃刀量增大一倍，切削温度约增高（　　）。

A. 一倍　　B. 20%～33%　　C. 10%　　D. 5%

四、简答题

1. 切削用量的三要素是怎样影响切削温度的?

2. 刀具方面对切削温度的影响有哪些?

第六节　刀具磨损与刀具耐用度

一、填空题（将正确答案填写在横线上）

1. 切削时随着工件材料、切削条件的不同，刀具的磨损形式有______磨损、________磨损和___________磨损三种。

2. 刀具的磨损过程划分为三个阶段，即______磨损阶段、______磨损阶段和________磨损阶段。

3. 刀具的磨钝标准是______________________，这也是判断刀具是否需要__________和__________的依据。

4. 刀具磨损的原因有________磨损、________磨损、________磨损、__________磨损和__________磨损等。

5. 通常情况下，刀具材料的____________越高，其刀具耐用度就越高。

二、判断题（正确的在括号内打“√”，错误的在括号内打“×”）

1. 刀具因细微裂纹而产生的破损和因切削高温导致的卷刃均是正常磨损。（　　）
2. 降低切削温度，改善刀具表面粗糙度和润滑条件，均能减少刀具的黏结磨损。（　　）
3. 通常，精加工的磨钝标准要低于粗加工的磨钝标准。（　　）
4. 通常，工件材料的塑性越好，其磨钝标准值就越小。（　　）
5. 工件材料的强度、硬度越高，刀具耐用度也越高。（　　）
6. 刀具材料是影响刀具耐用度的主要因素之一。（　　）
7. 一般情况下，刀具材料的高温硬度越高越耐磨，其耐用度也越高。（　　）
8. 在无冲击切削条件下，硬质合金刀具的耐用度比高速钢刀具的耐用度高。（　　）
9. 生产中切削塑性金属常见的磨损形式是前面磨损。（　　）
10. 切削脆性材料时，常发生后面磨损。（　　）
11. 高速钢刀具在低温时常发生磨粒磨损。（　　）

三、选择题（将正确答案的序号填写在括号内）

1. 高速钢刀具在切削温度超过（　　）℃时，刀具表面会形成硬度低、耐磨性差的化合物，从而加速刀具磨损，这种现象称为（　　）磨损。

A. 300～350　　B. 500～650　　C. 磨粒　　D. 相变

2.（　　）磨损是造成高速钢刀具急剧磨损的主要原因。

A. 磨粒　　B. 黏结　　C. 扩散　　D. 相变

3.（　　）磨损是低、中速加工时刀具磨损的主要原因。

A. 磨粒　　B. 黏结　　C. 扩散　　D. 相变

4. 切削用量对刀具耐用度的影响，从大到小的顺序是（　　）。

A. $f \to a_p \to v$　　B. $a_p \to f \to v$　　C. $v \to f \to a_p$　　D. $f \to v \to a_p$

5. 当用较高的切削速度和较大的切削厚度切削中碳钢工件时，刀具常发生（　　）磨损。

A. 前面　　B. 后面　　C. 前、后面同时　　D. 急剧

6. 低速切削塑性材料时，容易发生（　　）磨损。

A. 磨粒　　B. 黏结　　C. 扩散　　D. 相变

7. 用硬质合金刀具切削钢料时，若切削温度达到 800～1 000℃，易发生（　　）磨损。

A. 磨粒　　B. 黏结　　C. 扩散　　D. 相变

8. 使用刀具时，必须在刀具进入（　　）磨损前重磨或更换新刀。

A. 初期　　B. 正常　　C. 急剧　　D. 不一定

9. 通常以（　　）磨损带中间部分平均磨损量允许达到的最大值作为磨钝标准，以（　　）表示。

A. 前面　　B. 后面　　C. *VB*　　D. *KB*

10. 采用自动化程度较高的机床加工时，因调整刀具时间较长，故通常取（　　）的磨钝标准。

A. 较小　　B. 较大　　C. 任意　　D. 很小

11. 刀具从刃磨后开始切削直到磨损量达到磨钝标准为止的纯切削时间，称为（　　）。

A. 刀具耐用度　　B. 刀具寿命　　C. 工作时间　　D. 加工时间

12. 从提高生产率和降低加工成本的角度来看，切削用量中应首先确定（　　），其次确定（　　），最后确定（　　）。

A. 背吃刀量　　B. 进给量　　C. 切削速度　　D. 切削厚度

13. 一把新刀从开始切削到报废为止的总切削时间，称为（　　）。

A. 刀具耐用度　　B. 刀具寿命　　C. 工作时间　　D. 加工时间

14. 当磨损限度相同时，刀具寿命越短，表示刀具磨损发生（　　）。

A. 越快　　B. 越慢　　C. 不变　　D. 很慢

15. 规定（　　）的磨损量作为刀具的磨损限度。

A. 前面　　B. 后面　　C. 主切削刃　　D. 切削表面

16. 刀具两次重磨之间（　　）时间的总和称为刀具耐用度。

A. 使用　　B. 机动　　C. 纯切削　　D. 工作

17. 切削工件时，切削速度越高，刀具寿命（　　）。

A. 越长　　B. 越短　　C. 不变　　D. 没影响

18. 使刀具表面的微粒被切屑或被工件带走的磨损叫作（　　）磨损。

A. 磨粒　　B. 黏结　　C. 氧化　　D. 相变

四、名词解释

1. 刀具耐用度

2. 刀具寿命

五、简答题

1. 实际生产中可从哪些方面判断刀具是否已经磨损?

2. 切削钢时为什么选用 YT 类硬质合金刀具而不选 YG 类硬质合金刀具?(从刀具磨损原因的角度分析)

3. 为什么硬质合金刀具在切削速度较低时刀具耐用度反而下降?

第四章 切削加工质量与效率

第一节 工件材料的切削加工性

一、填空题（将正确答案填写在横线上）

1. 工件材料的切削加工性是指工件材料被切削的＿＿＿＿＿＿。

2. 衡量材料切削加工性的主要指标有＿＿＿＿＿＿＿＿指标、＿＿＿＿＿＿＿＿指标、＿＿＿＿＿＿指标、＿＿＿＿、＿＿＿＿、＿＿＿＿＿＿＿＿指标等。

3. 常用工件材料的相对加工性指标 K_r 分为＿＿＿＿级。

4. 用刀具耐用度指标评定工件材料的切削加工性时，切削普通金属材料时用＿＿＿来评定，切削难加工材料时用＿＿＿来评定。相对加工性指标 K_r＿＿＿时，工件材料切削加工性比 45 钢好；K_r＿＿＿的工件材料属易切削材料；当 K_r＿＿时，工件材料的切削加工性比 45 钢差；K_r＿＿＿的工件材料称为难加工材料。

5. 相同的加工条件下，已加工表面＿＿＿＿＿，其切削加工性越好。

6. 工件材料的物理、力学性能中影响切削加工性的因素有材料的＿＿＿＿＿＿＿＿、＿＿＿＿＿＿＿、＿＿＿＿＿＿＿和＿＿＿＿＿＿＿＿。

7. 在钢中加入微量＿＿＿＿、＿＿＿＿、＿＿＿＿、＿＿＿＿等元素，会使钢脆化，或起润滑作用，可改善切削加工性；在铸铁中加入＿＿＿＿、＿＿＿＿、＿＿＿＿、＿＿＿＿等元素，有利于促进碳的石墨化，有利于切削。

8. 工件材料的＿＿＿＿＿＿＿，加工时热胀冷缩程度＿＿，工件尺寸变化＿＿，不易控制加工精度，切削加工性差。

二、判断题（正确的在括号内打“√”，错误的在括号内打“×”）

1. 一般来说，金属材料的硬度和强度越低，切削加工性越好。（ ）
2. 导热系数大的材料切削加工性好。（ ）
3. 中碳钢的金相组织是珠光体和铁素体，切削加工性较好。（ ）
4. 高碳钢常通过正火来改善其切削加工性。（ ）
5. 不锈钢比 45 钢的切削加工性好。（ ）

三、选择题（将正确答案的序号填写在括号内）

1. 一般来说，金属材料的硬度和强度越高，切削加工性（ ）。

A. 越好 B. 越差 C. 不变 D. 不受影响

2. 工件材料的塑性和韧性越好，切削加工性（　　）。

A. 越好　　B. 越差　　C. 不变　　D. 不受影响

3. 线膨胀系数大的材料（　　）控制加工精度。

A. 容易　　B. 较容易　　C. 难　　D. 不用

4. 碳的质量分数（　　）的钢，其切削加工性好。

A. 小于0.15%　　B. 为0.35%～0.45%

C. 大于0.6%　　D. 大于0.7%

5. 为改善低碳钢的切削加工性，一般采用的热处理工艺是（　　）。

A. 淬火　　B. 正火　　C. 退火　　D. 回火

第二节　已加工表面质量

一、填空题（将正确答案填写在横线上）

1. 零件已加工表面质量的含义主要包括三方面的内容，即__________、__________、__________。

2. 影响工件表面粗糙度的主要因素有__________、__________和__________。

3. 因积屑瘤不稳定，脱落的积屑瘤嵌入工件的已加工表面，形成______和______，使表面粗糙度值变大。

4. 经过切削加工，会使工件已加工表面层的__________增大，这一现象称为加工硬化。

5. 一般说来，工件表层__________是加工硬化的主要成因。

6. 凡是对__________、__________、__________产生影响的因素，均会影响加工硬化。

7. 工件已加工表面层残余应力的成因有三个方面，即__________作用、__________作用和________作用。

8. 凡能________切削变形和________切削温度的因素都能使已加工表面的残余应力减小。

二、判断题（正确的在括号内打“√”，错误的在括号内打“×”）

1. 零件的表面粗糙度值过大会降低配合件的接触刚度和配合精度。（　　）

2. 零件表面粗糙度值越小越耐磨。（　　）

3. 用高速钢刀具精加工时，为保证工件表面粗糙度宜选用较高的切削速度。（　　）

4. 适当减小刀具的主偏角可减小已加工表面残留面积的高度，从而减小表面粗糙度值。（　　）

5. 减小车刀的副偏角可减小已加工表面的表面粗糙度值。（　　）

6. 高锰钢的强化指数很大，切削加工时加工硬化现象严重。（　　）

7. 进给量过小时会使加工硬化程度加剧。（　　）

8. 硬质合金刀具比高速钢刀具切削时更容易产生加工硬化。（　　）

9. 切削塑性越好的金属材料，越容易产生残余应力。 (　　)

三、选择题（将正确答案的序号填写在括号内）

1. 减小零件的表面粗糙度值会（　　）零件的耐腐蚀性。
   A. 提高　　B. 降低　　C. 不影响　　D. 以上都不是
2. 为减小残留面积高度可采用（　　）的刀尖圆弧半径。
   A. 较大　　B. 较小　　C. 无确定关系　　D. 任意大小
3. 为避免产生积屑瘤和鳞刺，对塑性好的工件材料可采用（　　）前角的刀具。
   A. 较大　　B. 较小　　C. 负值　　D. 零度
4. 用硬质合金刀具切削塑性材料时，提高（　　）可减少积屑瘤和鳞刺。
   A. 背吃刀量　　B. 进给量　　C. 切削速度　　D. 进给速度
5. 刀尖圆弧半径大的车刀车削时产生的加工硬化程度（　　）。
   A. 大　　B. 小　　C. 为零　　D. 无影响
6. 刀具后面磨损时，产生的加工硬化会（　　）。
   A. 加剧　　B. 减轻　　C. 不变　　D. 以上都不是
7. 切削刃钝圆半径和后面磨损量增大时，残余应力与扩展深度均随之（　　）。
   A. 减小　　B. 增大　　C. 不变　　D. 以上都不是
8. 提高（　　）可以使加工硬化程度减轻。
   A. f　　B. a_p　　C. v　　D. f 和 a_p

四、简答题

1. 表面粗糙度对零件的使用性能有何影响?

2. 如何防止切削加工中出现振动?

3. 减小残留面积高度的措施有哪些?

4. 加工硬化对切削过程有什么影响?

5. 简述减少零件表面振纹的措施。

第三节　切削用量的选择

一、填空题（将正确答案填写在横线上）

1. 粗加工时选用切削用量，一般是以提高__________为主。
2. 粗加工时，背吃刀量应根据__________来确定。
3. 粗加工时，进给量的选择受工艺系统所能承受的__________的限制。
4. 精加工时选用切削速度主要受______________和________________的限制。
5. 精加工时限制进给量提高的因素主要是______________。

二、判断题（正确的在括号内打“√”，错误的在括号内打“×”）

1. 切削用量的大小反映了单位时间内金属切除量的多少，它是衡量生产率的重要参数之一。（　　）
2. 粗车时，选择切削用量的顺序是：切削速度→进给量→背吃刀量。（　　）
3. 当使用硬质合金刀具精加工时，背吃刀量一般不小于 0.3 mm。（　　）

三、简答题

1. 粗加工时切削用量的选择原则及方法是什么?

2. 精加工时应如何选择切削用量？

四、计算题

车削一直径为 50 mm 的外圆，行程长度为 l=1 000 mm，采用的切削速度为 v=50 m/min，进给量 f=0.2 mm/r，一次进给车削而成，试计算需要的基本时间 t_m。

第四节　切　削　液

一、填空题（将正确答案填写在横线上）

1. 切削液具有______、______、________________、______等作用。

2. 切削加工中常用的切削液分为__________、__________和________三类。

3. 水溶液的主要成分是____，______性能好。常用的有________水溶液和________水溶液。

4. 常见切削液的使用方式有____________、________________和________________，应用最多的是____________。

二、判断题（正确的在括号内打“√”，错误的在括号内打“×”）

1. 车削镁合金时，可以用压缩空气冷却。（　　）

2. 切削镁合金材料可选用乳化液或水溶液冷却。（　　）

3. 天然水具有很好的冷却作用，所以常把天然水作为切削液用于切削加工中。（　　）

4. 水溶液的主要成分是水，使用时要加入一定含量的油性物质和防锈添加剂，使其具有一定的润滑和防锈性能。（　　）

5. 乳化液是用乳化油加水稀释而成的，而乳化油是用矿物油、乳化剂和添加剂配制成的。（　　）

6. 切削油的主要成分是矿物油，有时也用矿物油和动、植物油的混合油。（　　）

7. 在矿物油中加入硫、氯等添加剂可制成极压切削油，极压切削油在高速切削和难加工材料的车削中应用效果良好。（　　）

8. 三大类切削液中，水溶液的冷却效果最好，乳化液次之，切削油较差。（　　）

9. 切削液清洗作用的大小主要取决于切削液的渗透性、流动性和使用压力等。（　　）

10. 切削液防锈作用的好坏，除取决于切削液本身的性能外，通过在切削液中加入防锈添加剂，可使金属表面形成保护膜，避免受水分、空气等介质的腐蚀，从而提高切削液的防锈能力。（　　）

11. 精加工时，使用切削液的主要目的是降低切削温度，以提高生产率。（　　）

12. 加工铜、铝及其合金时，为获得较高的加工精度和表面质量，可选用10%～20%的乳化液、煤油或煤油与矿物油的混合剂。（　　）

13. 乳化液主要起润滑作用。（　　）

14. 切削油主要起冷却作用。（　　）

15. 切削铜合金应使用含硫的切削液。（　　）

16. 硬质合金刀具切削时一般不使用切削液。（　　）

三、选择题（将正确答案的序号填写在括号内）

1. 粗加工切削时，应选用（　　）为主的乳化液。

A. 润滑　　B. 冷却　　C. 防锈　　D. 冷却和润滑

2. 粗加工切削时，应选用（　　）。

A. 3%～5%的乳化液　　B. 10%～15%的乳化液

C. 切削油　　D. 煤油

3. 铸铁铰孔时，应选用（　　）。

A. 硫化切削油　　B. 活性矿物油　　C. 煤油　　D. 水溶液

4. 切削液必须浇注在（　　）。

A. 工件上　　B. 刀具上　　C. 切屑上　　D. 切削区域

5. 在矿物油中加入（　　）可使其在 400～800℃的高温时仍能起润滑作用。

A. 油性添加剂　　B. 极压添加剂　　C. 乳化剂　　D. 防锈剂

6. 使用（　　）刀具切削时必须使用切削液。

A. 硬质合金　　B. 高速钢　　C. 陶瓷　　D. 立方氮化硼

7. （　　）常用于深孔加工。

A. 浇注法　　B. 高压冷却法　　C. 喷雾冷却法　　D. 以上均可

8. （　　）常用于难加工材料的切削。

A. 浇注法　　B. 高压冷却法　　C. 喷雾冷却法　　D. 以上均可

第五章　车　　刀

第一节　焊接式车刀

一、填空题（将正确答案填写在横线上）

1. 车刀按结构不同，可分为________车刀、________车刀和________车刀。

2. 焊接式车刀由____________和______通过焊接而成。

3. 焊接刀片型号由表示焊接刀片__________的大写英文字母和表示__________的数字代号，加______参数的两位整数（不足两位整数时前面加 0）组成。

二、判断题（正确的在括号内打“√”，错误的在括号内打“×”）

1. 焊接式车刀与其他刀具相比较，其结构复杂、刚度差、制造困难。（　　）

2. 焊接式车刀通过刃磨可以获得比较理想的形状和角度，使用灵活。（　　）

3. 焊接式车刀在钎焊时容易产生内应力而使刀片出现裂缝，影响其使用寿命。（　　）

4. 焊接式车刀参加工作的切削刃长度应不超过刀片长度的 60%～70%。（　　）

5. 焊接车刀刀片时使用硼砂做焊剂，可清除待焊接表面的氧化物，并对钎料和焊接件起保护作用。（　　）

6. 刀片焊接后及时将车刀放入炉中或稻草灰中缓慢冷却，以增大其热应力。（　　）

三、选择题（将正确答案的序号填写在括号内）

1. 焊接式车刀的刀杆由（　　）制成。

A. 45 钢　　B. 合金工具钢　　C. 高速钢　　D. 碳素钢

2. 我国目前采用的硬质合金焊接刀片分为（　　）形式。

A. A、B、C、D 四种

B. A、B、C、D、E、F 六种

C. A、B、C、D、E 五种

D. A、B、C 三种

3. 焊接低钴高钛合金刀片车刀时，宜选用（　　）。

A. 铜镍合金或纯铜

B. 铜锌合金或 $105^{\#}$ 钎料

C. 银铜合金或 $106^{\#}$、$107^{\#}$ 钎料

D. 铜镍合金或 $105^{\#}$ 钎料

四、简答题

1. 识读下图，写出各图中车刀的名称。

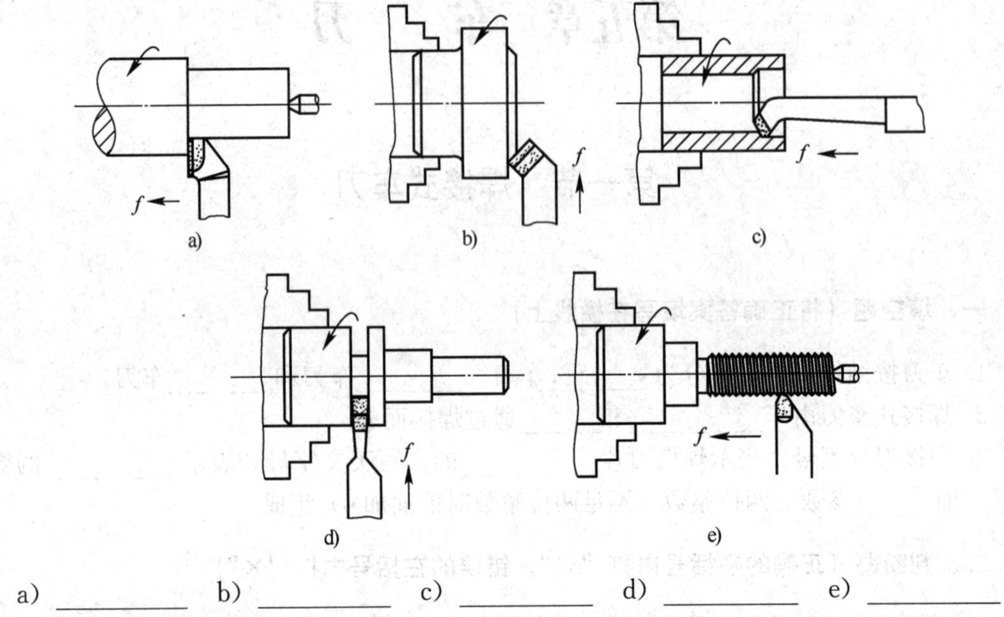

a）__________ b）__________ c）__________ d）__________ e）__________

2. 简述车刀的结构类型及应用场合。

3. 简述焊接式车刀的优缺点。

第二节　可转位车刀

一、填空题（将正确答案填写在横线上）

1. 可转位车刀的型号由代表一定意义的________和________按一定顺序排列组成，共有________个号位。

2. 可转位车刀刀片型号中的第一位是______，表示刀片的________。

3. 可转位车刀刀片型号中的第二位是字母，表示刀片的__________。其中，使用最广的是______型，其角度值是______。

4. 可转位车刀刀片型号中的第三位是________，表示刀片的________________等级，共有____个精度等级，分为__________、__________、__________。

5. 可转位车刀刀片型号中的第四位是________，表示刀片有无________和____________。

6. 可转位车刀刀片型号中的第五位是________，表示刀片的______________。

7. 可转位车刀刀片型号中的第六位是________，表示刀片的____________。

8. 可转位车刀刀片型号中的第七位是表示__________的______或________的代号。

9. 可转位车刀刀片型号中的第八位是________，表示刀片的______________。

10. 可转位车刀刀片型号中的第九位是______，表示刀片的________________。

11. 硬质合金可转位车刀的夹紧形式有________、________、________、________和________。

12. 安装可转位式车刀的硬质合金刀片时，刀片________应与刀杆上刀片槽内的______接触良好。

13. 一定的切削用量范围内，有良好的______和______性能，是不重磨刀具的优点之一。

二、判断题（正确的在括号内打“√”，错误的在括号内打“×”）

1. 机械夹固式车刀的刀片不经过高温焊接，不会出现裂纹、硬度下降等缺陷，提高了刀具耐用度。（　）

2. 使用可转位车刀，由于刀片有合理的几何参数，可采用较大的切削用量且排屑顺利。（　）

3. 使用可转位车刀，无法实现在一把刀杆上配备多种牌号的硬质合金刀片，难以减少

刀具储备量和简化刀具管理。 ( )

4. 硬质合金可转位车刀中，杠杆式夹紧机构是利用压紧螺钉压杠杆，杠杆压着刀片内孔使之靠近刀片槽。该结构比较可靠，但杠杆制造困难。 ( )

5. 硬质合金可转位车刀中，楔块式夹紧机构是利用螺钉压楔块，使刀片的内孔紧压在圆柱销上。 ( )

6. 硬质合金可转位车刀中，杠杆式夹紧机构的夹紧性能不如楔块式夹紧机构可靠。 ( )

7. 硬质合金可转位车刀中，偏心式夹紧机构的元件数目较多，结构比较复杂，制造困难，但松紧螺纹偏心销时较方便。 ( )

8. 带后角而不带孔的硬质合金可转位刀片只能用上压式夹紧机构夹紧。 ( )

9. 在广阔的切削用量范围内都具有良好的卷屑和断屑性能是不重磨刀具的一个主要优点。 ( )

三、选择题（将正确答案的序号填写在括号内）

1. 目前广泛采用的断屑方法是在（ ）磨出卷屑槽。

A. 前面上　B. 前、后面上都　C. 后面上　D. 副后面上

2. 国家标准规定，可转位刀片的型号表示规则用（ ）个代号表征刀片的尺寸及其他特性。

A. 8　B. 9　C. 10　D. 11

3. 可转位刀片允许的精度等级共12级，普通车床粗、半精加工用（ ）。

A. A级　B. U级　C. G级　D. M级

4. 可转位刀片型号中若表示右偏刀，用（ ）符号。

A. L　B. N　C. P　D. R

四、简答题

1. 对可转位车刀的夹紧形式有哪些要求？

2. 简述可转位车刀的优点。

3. 使用可转位车刀时要注意哪些问题？

第三节　成 形 车 刀

一、填空题（将正确答案填写在横线上）

1. 径向成形车刀按其结构和形状可分为__________成形车刀、__________成形车刀和__________成形车刀三类。

2. 成形车刀的前角、后角是通过______、______后形成的。

3. 重磨成形车刀的基本要求是要保持________的前角和后角数值。

4. 重磨圆体成形车刀时，应使刀具______与砂轮__________偏移一个距离 h。

二、判断题（正确的在括号内打“√”，错误的在括号内打“×”）

1. 成形车刀经过一个切削行程就可以切出工件的成形表面。（　）

2. 成形车刀重磨时只重磨前面。（　）

3. 平体车刀可重磨次数要比棱体成形车刀的多，刀体刚度也较好。（　）

4. 圆体成形车刀在生产中的使用比其他两种成形车刀多，加工精度也比它们高。（　）

5. 成形车刀不适宜加工廓形深度大的工件。（　）

6. 成形车刀的前角和后角的大小不仅影响刀具的切削性能，而且还影响零件廓形的加工精度。（　）

7. 成形车刀的前角和后角确定后，在制造、重磨或安装时，还要根据实际情况修改。（　）

8. 安装成形车刀时，刀刃上最外缘点应对准工件中心。（　）

9. 用成形车刀加工时，进给量一般选取得较大，加工比较细长的工件时，进给量更应选取大些。（　）

10. 棱体成形车刀重磨后一般应检验其楔角值是否符合要求。（　）

三、选择题（将正确答案的序号填写在括号内）

1. 棱体成形车刀的安装基准平面应（　）工件轴线。

A. 平行于　B. 垂直于　C. 通过　D. 倾斜于

2. 圆体成形车刀的轴线应与工件的轴线（　）。

A. 平行　B. 垂直　C. 通过　D. 倾斜

3. 成形车刀重磨时，一般是在工具磨床上用碗形砂轮刃磨其（　）。

A. 前面　　B. 后面　　C. 成形表面　　D. 副后面

4. 棱体成形车刀重磨时应使它的前面与碗形砂轮的工作端面（　　）。

A. 平行　　B. 垂直　　C. 通过　　D. 倾斜

四、简答题

1. 成形车刀安装应注意哪些事项？

2. 写出下列成形车刀的名称。

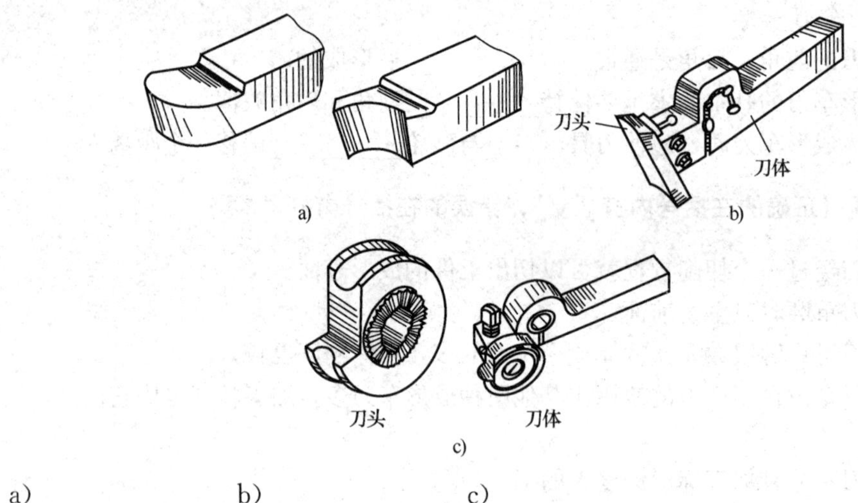

a）__________　b）__________　c）______________

第六章　孔加工刀具

第一节　麻　花　钻

一、填空题（将正确答案填写在横线上）

1. 麻花钻是应用最广泛的孔加工刀具，可用来__________和__________。

2. 标准麻花钻由________、________、__________组成，工作部分又由__________和__________组成。

3. 麻花钻的柄部有__________和______________两种。

4. 麻花钻的导向部分在钻削过程中能起到______________和__________的作用，同时也是__________的后备部分。

5. 群钻的外形特点是________________________。

6. 麻花钻的工作部分由__________组成，切削部分可看作________两把车刀。

7. 高速钢麻花钻加工精度可达______________，表面粗糙度为______________；硬质合金麻花钻加工精度可达______________，表面粗糙度为______________。

二、判断题（正确的在括号内打“√”，错误的在括号内打“×”）

1. 若麻花钻的顶角不对称，则钻出的孔径会扩大和倾斜。（　　）

2. 直径大于 13 mm 的麻花钻多为圆柱柄，直径小于 13 mm 的麻花钻多为莫氏锥柄。（　　）

3. 横刃长则麻花钻的钻尖强度高、定心精度差。（　　）

4. 麻花钻的两条螺旋槽是切削液流入、切屑排出的通道。（　　）

5. 麻花钻顶角 $2\varphi>118°$时，适用于钻削较软的材料。（　　）

6. 在刃磨麻花钻时，常根据切削刃形状判断顶角的大小。（　　）

7. 麻花钻的顶角越大，前角也越大。（　　）

8. 麻花钻具有外径从切削部分向柄部逐渐减小的锥度。（　　）

9. 麻花钻顶角大，则切削刃短，定心差，钻出的孔不容易扩大。（　　）

10. 在顶角一定的情况下，后角越大，横刃斜角 ψ 越小，横刃越长。（　　）

11. 修磨横刃是麻花钻最常用的修磨方法。（　　）

12. 麻花钻主切削刃上各点的基面位置不同。（　　）

三、选择题（将正确答案的序号填写在括号内）

1. 标准麻花钻的顶角为（　　）。

A. 108°　　B. 118°　　C. 128°　　D. 110°

2. 麻花钻的螺旋角 β 越大，前角 γ_o 越（　　）。

A. 小　　B. 大　　C. 不变　　D. 没关系

3. 标准麻花钻的横刃斜角应为（　　）。

A. 45°　　B. 55°　　C. 65°　　D. 35°

4. 麻花钻的后角自外缘向中心逐渐（　　）。

A. 增大　　B. 减小　　C. 不变　　D. 无确定的关系

5. 麻花钻的前角自外缘向中心逐渐（　　）。

A. 增大　　B. 减小　　C. 不变　　D. 无确定的关系

6. 当刃磨的麻花钻（　　）时，会造成钻出的孔的孔径扩大，还有台阶。

A. 顶角不对称　　B. 切削刃长度不等

C. 顶角不对称且切削刃长度不等　　D. 顶角＞118°

7. 麻花钻修磨横刃的原则是：工件材料越软，横刃修磨得（　　）。

A. 越短　　B. 越长　　C. 都可以　　D. 不受影响

8. 麻花钻的两主切削刃外凸，说明其顶角（　　）118°。

A. 大于　　B. 等于　　C. 小于　　D. 大于等于

9. 用麻花钻扩孔时，为防止“扎刀”，宜将外缘处的前角修磨（　　）。

A. 小些　　B. 大些　　C. 不变　　D. 大小均可

10. 麻花钻的后角在（　　）内测量。

A. 切削平面　　B. 正交平面　　C. 柱剖面　　D. 基面

11. 直径大于（　　）mm 的群钻，通常都要磨出单边分屑槽以便于排屑。

A. 5　　B. 15　　C. 25　　D. 20

12. 标准麻花钻的前角是在主正交平面内（　　）与基面之间的夹角。

A. 后面　　B. 前面　　C. 副后面　　D. 切削平面

13. 修磨分屑槽时是在麻花钻的（　　）磨出分屑槽。

A. 后面　　B. 前面　　C. 副后面　　D. 切削平面

四、简答题

1. 麻花钻的刃磨方法及刃磨要求是什么？

2. 普通麻花钻结构上的缺陷是什么?

3. 麻花钻的修磨方法有哪些(写在图的下方)?

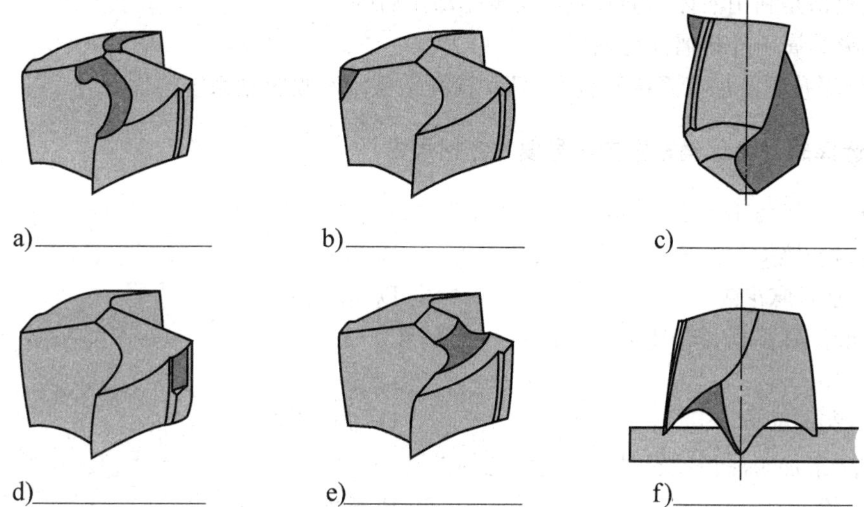

a)______________ b)______________ c)______________

d)______________ e)______________ f)______________

4. 在下图中填写标准麻花钻各部分的名称。

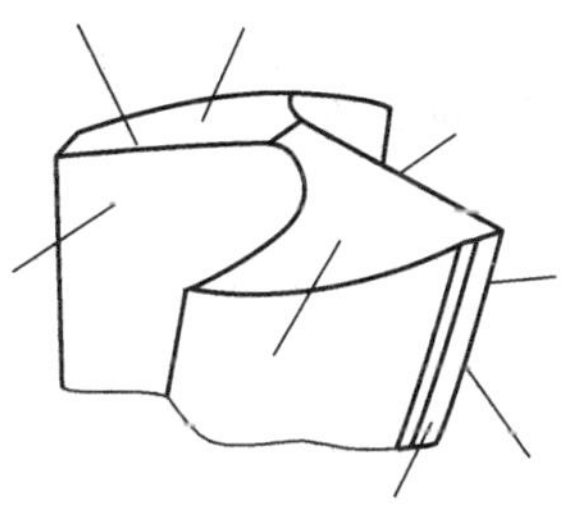

第二节 深 孔 钻

一、填空题(将正确答案填写在横线上)

1. 深孔是指孔深与孔径之比大于________的孔。
2. 深孔加工的关键技术是____________________和____________问题。
3. 深孔钻按切削刃的多少可分为________和________;按排屑方式可分为________和__________。

4. 喷吸钻由________、________和________组成。

二、判断题（正确的在括号内打"√"，错误的在括号内打"×"）

1. 枪孔钻属于外排屑深孔钻。（　　）
2. BTA 深孔钻适用于小直径一般深孔的加工。（　　）
3. 枪孔钻仅在轴线的一侧有切削刃，并分为两段，钻尖相对轴线偏移一定的距离。（　　）
4. 喷吸钻钻孔时所要求的切削液压力比 BTA 深孔钻高。（　　）
5. 喷吸钻是利用液体的喷吸效应实现冷却排屑的。（　　）
6. 喷吸钻属于外排屑深孔钻。（　　）
7. DF 深孔钻及加工系统结合了 BTA 深孔钻系统和喷吸钻系统的优点。（　　）

三、选择题（将正确答案的序号填写在括号内）

1. 加工直径为 18～180 mm、深径比在 100 以内的深孔一般用（　　）。

A. 枪孔钻　　B. 喷吸钻

C. 加长麻花钻　　D. 麻花钻

2. 一般深孔是指长径比 L/D 为（　　）的孔。

A. >5　　B. 5～20

C. 20～50　　D. 50～100

3. 常用来加工深径比超过 100 的深孔的是（　　）。

A. 枪孔钻　　B. 喷吸钻

C. 加长麻花钻　　D. 麻花钻

四、简答题

深孔加工有什么特点？关键技术是什么？

第三节　铰　刀

一、填空题（将正确答案填写在横线上）

1. 铰刀按使用方式可分为________和________两大类；按加工尺寸可否调节分为________和________等。

2. 铰孔时，最好采用________装置，铰刀作自我导向。

3. 铰刀由__________、__________和________组成，其工作部分又由________部分、__________部分、________部分和________组成。

4. 铰刀加工精度可达______________，表面粗糙度为______________。

5. 高速钢铰刀铰孔余量一般取______________；硬质合金铰刀铰孔余量一般取______________。

二、判断题（正确的在括号内打“√”，错误的在括号内打“×”）

1. 铰刀多用于大直径孔的精加工和半精加工。（ ）
2. 用铰刀铰出的孔通常会扩大，但在铰削薄壁孔时有时会收缩。（ ）
3. 铰刀在刚性装夹时铰出的孔易出现不圆、喇叭口和孔径扩大等现象。（ ）
4. 与钻削相比，铰削的特点是“低速大进给”。（ ）
5. 铰刀从孔内退出时，机床主轴必须停止回转。（ ）
6. 正值刃倾角的铰刀适用于铰削余量大、塑性材料的通孔。（ ）
7. 铰刀的主偏角越大，切削厚度越小，轴向力越小。（ ）
8. 手用铰刀的主偏角通常大于机用铰刀的主偏角。（ ）
9. 铰孔能修正孔的直线度。（ ）

三、选择题（将正确答案的序号填写在括号内）

1. 若铰 $\phi30H7(^{+0.021}_{0})$ mm 孔，最好选择（ ）mm 的铰刀。

   A. $\phi30^{+0.007}_{0}$　B. $\phi30^{+0.014}_{+0.007}$　C. $\phi30^{+0.021}_{+0.014}$　D. $\phi30^{+0.021}_{0}$

2. 铰孔的加工精度主要取决于（ ）。

   A. 工件材料　B. 铰刀　C. 切削用量　D. 切削液

3. 铰刀的重磨应沿（ ）进行。

   A. 前面　B. 后面　C. 副后面　D. 棱边

4. 铰削铸铁时，选用的切削液是（ ）。

   A. 水溶液　B. 乳化液　C. 煤油　D. 动物油

5. 铰削余量不能过大也不能过小，一般高速钢铰刀铰削余量为（ ）mm。

   A. 0.15～0.20　B. 0.20～0.25

   C. 0.30～0.35　D. 0.08～0.12

6. （ ）是为了减小铰刀与孔壁之间的摩擦。

   A. 引导部分　B. 切削部分　C. 修光部分　D. 倒锥

7. 硬质合金铰刀的铰削余量一般为（ ）mm。

   A. 0.15～0.20　B. 0.20～0.25

   C. 0.30～0.35　D. 0.08～0.12

四、简答题

认识下列铰刀，在图的下面写出铰刀名称。

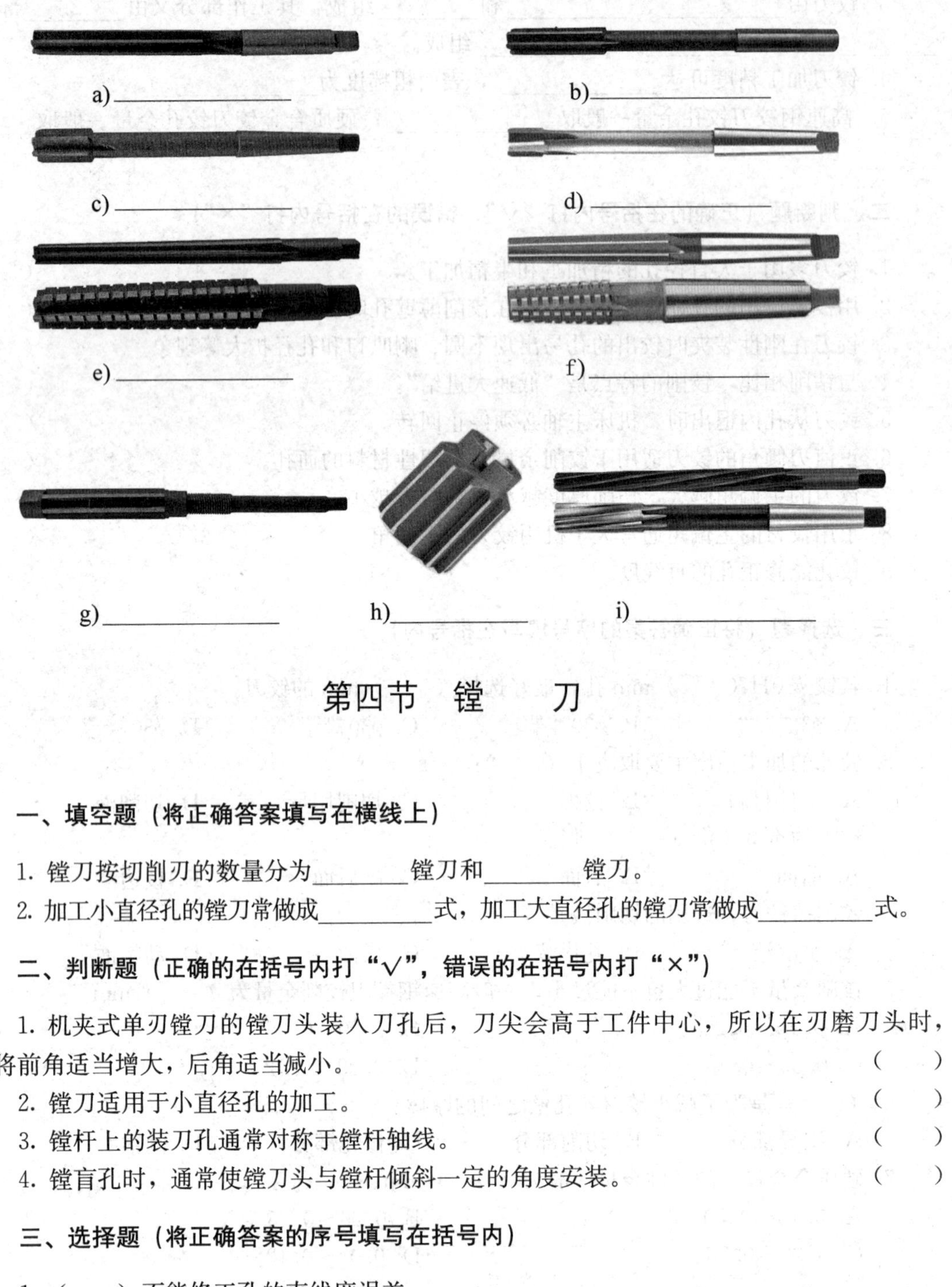

第四节　镗　　刀

一、填空题（将正确答案填写在横线上）

1. 镗刀按切削刃的数量分为________镗刀和________镗刀。

2. 加工小直径孔的镗刀常做成__________式，加工大直径孔的镗刀常做成__________式。

二、判断题（正确的在括号内打“√”，错误的在括号内打“×”）

1. 机夹式单刃镗刀的镗刀头装入刀孔后，刀尖会高于工件中心，所以在刃磨刀头时，需将前角适当增大，后角适当减小。（　　）

2. 镗刀适用于小直径孔的加工。（　　）

3. 镗杆上的装刀孔通常对称于镗杆轴线。（　　）

4. 镗盲孔时，通常使镗刀头与镗杆倾斜一定的角度安装。（　　）

三、选择题（将正确答案的序号填写在括号内）

1. （　　）不能修正孔的直线度误差。

A. 锪孔　　B. 铰孔　　C. 镗孔　　D. 钻孔

2. 镗刀头装入刀孔后，刀尖高于工件中心，使工作前角（　　），工作后角（　　）。

A. 增大　减小　　B. 减小　增大

C. 增大　增大　　D. 减小　减小

3. 微调镗刀的镗刀头倾斜角度为（　　）。

A. 53°8′　　B. 58°8′　　C. 53.8°　　D. 58.3°

4. 箱体零件的孔系加工通常采用（　　）的方法。

A. 车孔　　B. 铰孔　　C. 镗孔　　D. 锪孔

5. 镗刀头装入刀孔后，刀尖（　　）工件中心。

A. 高于　　B. 低于　　C. 等于　　D. 高于或低于

第五节　其他孔加工刀具

一、填空题（将正确答案填写在横线上）

1. 车孔是常用的孔加工方法之一，既可以作为__________，也可以作为____________。

2. 内孔车刀可分为____________和____________两种。

3. 盲孔车刀用来车_________或_________，切削部分的几何形状基本上与__________相似。

4. 孔加工复合刀具是将两把或两把以上的________________的孔加工刀具组合成一体的专业刀具。

二、判断题（正确的在括号内打“√”，错误的在括号内打“×”）

1. 扩孔钻上无横刃，切削条件较好。（　　）

2. 通孔车刀为了防止内孔车刀后面与孔壁摩擦又可使刀柄的截面积增大，一般磨成两个后角或将后面磨成圆弧状。（　　）

3. 扩孔钻形似麻花钻，但加工质量和生产率要比麻花钻高。（　　）

4. 孔加工复合刀具广泛用于单件生产。（　　）

5. 扩孔钻能部分纠正被加工孔轴线的歪斜。（　　）

6. 深孔滚压加工是提高零件表面硬度和减小表面粗糙度值的高效率精加工方法。（　　）

7. 深孔滚压加工一般采用圆锥形滚柱进行滚压。（　　）

三、选择题（将正确答案的序号填写在括号内）

1. 盲孔车刀的主偏角是（　　）。

A. 60°～75°　　B. 75°～90°

C. 90°～93°　　D. 95°～100°

2. 通孔车刀应选用（　　）值刃倾角。

A. 正　　B. 负

C. 零　　D. 以上都可以

3. 盲孔车刀刀尖与刀杆外端的距离应（　　）内孔半径。

A. 大于　　B. 小于

C. 等于　　D. 以上都可以

4. 当钻孔直径大于（　　）mm 时，用扁钻比用麻花钻经济。

A. 28　　B. 30　　C. 38　　D. 45

5. 用深孔滚压工具加工内孔时，其滚柱数量一般选（　　）个。

A. 1～3　　B. 2～4　　C. 3～5　　D. 4～8

四、简答题

孔加工复合刀具的优点有哪些？

第七章　铣　　刀

第一节　铣刀的种类及用途

一、填空题（将正确答案填写在横线上）

1. 铣刀属于__________刀具。铣削属于________切削和________切削。

2. 铣削过程中，其__________和__________随时间而变化，因此，引起________周期性变化。

3. 圆柱铣刀用于________铣床上加工平面，采用________刀齿，可提高切削工作的平稳性。

4. 尖齿铣刀的齿背呈________形，这种铣刀磨钝后沿________进行重磨。

5. 铲齿铣刀的齿背是用________的方法加工出来的，适用于切削______________的工件。

二、判断题（正确的在括号内打“√”，错误的在括号内打“×”）

1. 粗齿铣刀适用于粗加工，细齿铣刀适用于半精加工和精加工。（　　）
2. 圆柱形铣刀主要由高速钢制造。（　　）
3. 端面铣刀主要用在卧式铣床上加工平面。（　　）
4. 采用端面铣刀铣削平面时，生产率较低。（　　）

三、选择题（将正确答案的序号填写在括号内）

1. 铣床上加工平面一般用（　　）。
   A. 球面铣刀　　B. 端面铣刀　　C. 立铣刀　　D. 三面刃铣刀
2. 铲齿铣刀磨钝后应沿着（　　）进行重磨。
   A. 前面　　B. 后面　　C. 副后面　　D. 基面
3. 球面铣刀属于（　　）。
   A. 尖齿铣刀　　B. 铲齿铣刀　　C. 平面铣刀　　D. 沟槽铣刀
4. 按照铣刀齿背形状分，绝大多数铣刀属于（　　）。
   A. 尖齿铣刀　　B. 铲齿铣刀　　C. 平面铣刀　　D. 沟槽铣刀

四、简答题

认识铣刀，在下列铣刀下面标注名称。

（1）加工________用的铣刀

a）________________　b）________________　c）________________

（2）加工________用的铣刀

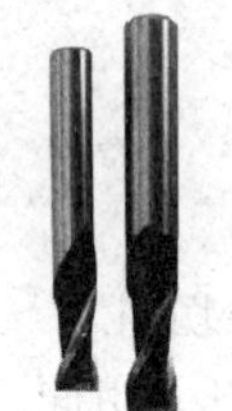
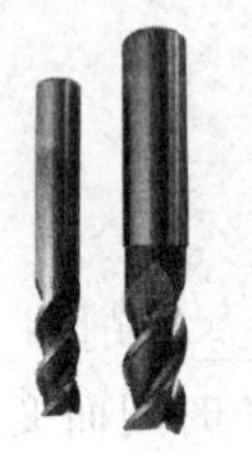

a）__________　b）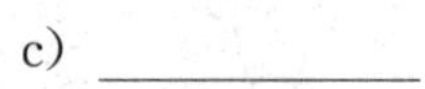__________　c）____________　d）____________

e）__________________　f）________________　g）__________________

h）________________　i）________________　j）____________________

（3）加工________用的铣刀

a）__________________　b）______________　c）______________

（4）加工________用的铣刀

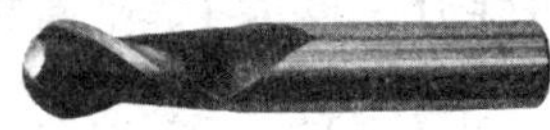

____

第二节　铣刀的几何参数及铣削要素

一、填空题（将正确答案填写在横线上）

1. 对螺旋齿圆柱形铣刀，规定________前角为其标注前角；对端面铣刀，用__________的前角为其标注前角。

2. 圆柱形铣刀刀齿的螺旋角 β 的作用是便于刀齿_____________工件，提高铣削的________。

3. 铣削用量包括_________、_________、_________和_________。

4. 铣削深度是指________于铣刀轴线测得的切削层尺寸。

二、判断题（正确的在括号内打“√”，错误的在括号内打“×”）

1. 切削厚度是指相邻两刀齿主切削刃运动轨迹间的距离。（　　）
2. 因圆柱形铣刀无副切削刃，所以无副偏角。（　　）
3. 对于圆柱形铣刀，被铣削表面的宽度即为铣削宽度。（　　）
4. 铣削层参数与铣削力无直接关系。（　　）
5. 在铣削铸铁件时，硬质合金端铣刀的刃倾角应取负值。（　　）
6. 确定铣削用量时，应先确定每齿进给量，再计算出进给速度。（　　）
7. 螺旋圆柱形铣刀铣削过程中，每个刀齿的切削全过程中 a_c 都是变化的。（　　）
8. 对于螺旋齿圆柱形铣刀，刀齿刚接触工件时，a_w 的值最大。（　　）
9. 对于直齿圆柱铣刀，其铣削宽度 a_w 在一次走刀时是不变的。（　　）

三、选择题（将正确答案的序号填写在括号内）

1. 圆柱形铣刀的刃倾角 λ_s（　　）刀齿的螺旋角 β。

   A. 大于　　B. 小于　　C. 等于　　D. 没关系

2. 规定铣刀的后角在（　　）内测量。

   A. 法平面　　B. 端平面　　C. 正交平面　　D. 柱剖面

3. 以下对端铣的铣削宽度的说法中，正确的是（　　）。

   A. 为被铣削层表面的深度

   B. 已加工表面与待加工表面的垂直距离

   C. 垂直于铣刀轴线测量的切削层尺寸

   D. 平行于铣刀轴线测量的切削层尺寸

4. 对于直齿圆柱铣刀，其铣削宽度（　　）铣削深度。

   A. 大于　　B. 小于　　C. 等于　　D. 没关系

5. 在铣削加工相同材质的工件时，硬质合金刀具的前角（　　）高速钢的前角。

   A. 小于　　B. 等于　　C. 大于　　D. 以上都可以

6. 适当增大圆柱形铣刀的（　　），可以提高铣削的平稳性，使切削省力，显著提高生产效率和加工质量。

A. 前角　　B. 后角　　C. 螺旋角　　D. 主偏角

7. 铣削时铣刀主切削刃参加工作的长度是（　　）。

A. 切削宽度　　B. 切削厚度　　C. 铣削宽度　　D. 铣削深度

四、计算题

1. 采用直径为 25 mm 的铣刀铣削工件，铣刀转速是 300 r/min，求其铣削速度。

2. 铣削加工中铣刀的每齿进给量 f_z 为 0.05 mm/z，铣刀的转速为 300 r/min，该铣刀有 8 个齿，求其进给速度 v_f。

第三节　铣 削 方 式

一、填空题（将正确答案填写在横线上）

1. 凡用铣刀________的刀齿进行铣削的称为周铣，而用铣刀________的刀齿进行铣削的称为端铣。前者是在________铣床上铣平面，后者是在________铣床上铣平面。

2. 圆柱平面铣刀铣削加工平面时有________和________两种方法；前者铣刀旋转切入工件的方向与工件进给的方向________，后者铣刀旋转切入工件的方向与工件进给的方向________。

二、判断题（正确的在括号内打“√”，错误的在括号内打“×”）

1. 区分端铣和周铣的主要依据是：看是立铣还是卧铣。（　　）

2. 顺铣时，铣刀刀齿与工件产生很大的挤压和摩擦，加剧刀齿前面的磨损。（　　）

3. 在加工带硬皮的工件时，逆铣工件时表皮对刀齿的影响比顺铣时小。（　　）

4. 在同等切削用量的情况下，周铣获得的表面粗糙度值比端铣小。（　　）

5. 在数控机床上铣削加工时，宜采用顺铣的方式进行加工。（　　）

6. 在成批生产加工组合平面时，周铣一次可加工数个平面，端铣则不能。（　　）

7. 用圆柱铣刀加工平面，顺铣时刀齿从上面向下切削，刀齿的切削厚度从最大逐渐减

小到零。 (　　)

8. 逆铣时刀齿从下面向上切削，刀齿从最大厚度处切入，逐步减小到零。 (　　)

三、选择题（将正确答案的序号填写在括号内）

1. 在未安装间隙消除机构的铣床上用圆柱平面铣刀铣削平面时，(　　)的方式进行加工。

A. 只能用顺铣　　B. 可以用顺铣也可以用逆铣

C. 只能用逆铣　　D. 以上都不是

2. 在加工不锈钢和高温合金时，宜选用（　　）。

A. 对称铣削　　B. 不对称逆铣　　C. 不对称顺铣　　D. 端铣

四、名词解释

1. 逆铣

2. 顺铣

五、简答题

试分析逆铣与顺铣的特点对加工质量的影响。

第八章 拉 刀

第一节 拉刀的种类

一、填空题（将正确答案填写在横线上）

1. 拉刀按加工表面位置不同，可分为________和________；按加工时受力方向不同，可分为__________和__________。

2. 拉刀是一种高效的______刀具，拉削可获得________、__________的工件表面。

二、判断题（正确的在括号内打“√”，错误的在括号内打“×”）

1. 拉削主要用于成批和大量生产。 （　）

2. 拉刀是利用相邻刀齿尺寸的变化依次从工件上切下很薄的金属层来进行加工的。 （　）

3. 拉刀能加工各种形状贯通的内、外表面。 （　）

4. 整体拉刀主要用于中、小型尺寸的高速钢拉刀。 （　）

三、简答题

简述拉削加工的特点与应用。

第二节 拉刀的结构组成及主要参数

一、填空题（将正确答案填写在横线上）

1. 圆孔拉刀通常由头部、颈部、过渡锥部、前导部、________、________、后导部和尾部组成。

2. 拉刀切削部的刀齿担负________切削工作，其中前面刀齿为________齿，后面刀齿为________齿，各齿直径____________。

3. 校准部的最后几个刀齿形状和直径都______，起______和______的作用。当切削齿经过重磨直径减小后，它可依次递补成为______。

4. 拉刀上相邻两刀齿间的轴向距离叫作______。

二、判断题（正确的在括号内打“√”，错误的在括号内打“×”）

1. 拉刀重磨时是磨后面。（　　）
2. 拉刀的齿升量越大，切削齿数越少，拉刀越短，刀具成本越低，生产率越高。（　　）
3. 为保证工件表面质量，最后1～2个精切齿一般不开分屑槽。（　　）
4. 圆孔拉刀切削部分各刀齿的形状和尺寸完全相同。（　　）
5. 拉刀的齿距过大会使同时工作齿数过少，使拉削不平稳，并且会增大拉刀长度，降低生产率。（　　）
6. 前、后刀齿上的分屑槽应相互错开。（　　）
7. 拉刀上分屑槽的深度应小于齿升量。（　　）
8. 加工铸铁等脆性材料时不开分屑槽。（　　）
9. 拉刀的后角很小是为了防止重磨后拉刀直径减小过快，缩短拉刀的使用寿命。（　　）
10. 精切齿的齿距可取小些，但为制造方便也可取与粗切齿的齿距相同。（　　）

三、选择题（将正确答案的序号填写在括号内）

1. 圆柱孔拉刀的齿升量是相邻两刀齿（或两组切削齿）的（　　）。
A. 直径差　B. 半径差　C. 齿距差　D. 轴向距离

2. 粗切齿的齿升量一般为（　　）mm。
A. 0.03～0.1　B. 0.1～0.3　C. 0.3～0.6　D. 0.01～0.03

3. 精切齿的齿升量不宜过小，不得小于（　　）mm。
A. 0.5　B. 0.05　C. 0.005　D. 0.001

4. 内拉刀的后角一般（　　），外拉刀的后角一般（　　）。
A. 为负值　B. 较小　C. 较大　D. 为零

5. 在拉刀刀齿的后面上还要做出一段有一定宽度的后角为（　　）的刃带。
A. 正值　B. 0°　C. 负值　D. 以上答案均可

6. 确定拉刀齿距时，首先要保证有足够的容屑空间，应使同时参加切削的拉刀齿数最好是（　　）个。
A. 1～2　B. 2～4　C. 4～5　D. 5～8

7. 一般圆孔拉刀的第一个刀齿直径可（　　）预制孔的最小极限尺寸。
A. 小于　B. 等于　C. 大于　D. 以上都可以

四、简答题

1. 如何确定圆孔拉刀前角？

2. 为什么拉刀后角值取得很小？

第三节　拉削方式

一、填空题（将正确答案填写在横线上）

1. 拉削方式是指拉刀切除余量的__________和__________。

2. 拉削方式有分层拉削、__________拉削、__________拉削。其中分层拉削又有__________拉削和__________拉削两种。

3. 同廓拉削主要用于加工余量__________和__________的中小尺寸零件，也用于加工精度要求__________的成形表面。

4. 渐成拉削各刀齿廓形与工件已加工表面最终形状__________，工件最终__________和__________由各刀齿切除的表面连接而成。

5. 轮切式拉削是将加工余量__________，每层被刀齿__________切除。

二、判断题（正确的在括号内打“√”，错误的在括号内打“×”）

1. 渐成拉削可获得较好的表面质量。（　　）

2. 轮切式拉削与分层式拉削相比较，其优点是每一个刀齿的切削厚度小、切削宽度大。（　　）

3. 组合式拉削是吸取了轮切式与同廓式的优点而形成的一种拉削方式。（　　）

4. 同廓拉削各刀齿的刀刃形状与被加工工件的最终形状不同。（　　）

5. 轮切式拉刀结构复杂，且拉削后的工件表面较粗糙。（　　）

三、选择题（将正确答案的序号填写在括号内）

1. 组合式拉削的实质也是一种（　　）拉削。

A. 同廓　　B. 渐成　　C. 轮切　　D. 分层

2. 各刀齿形状与已加工表面最终形状相同的拉削方式为（　　）。

A. 同廓拉削　　B. 渐成拉削　　C. 轮切（分块）式拉削　　D. 组合式拉削

3. 拉削加工尺寸大、余量多、精度要求不高的内孔常选用（　　）拉削。

A. 同廓　　B. 渐成　　C. 轮切式　　D. 组合式

四、简答题

比较分层式、轮切式和组合式三种拉削方式的刀齿特点。

第四节　拉刀的使用与刃磨

一、填空题（将正确答案填写在横线上）

1. 拉削采用的切削液主要有__________和________两种。其中，前者冷却性能好，但润滑性能______，且使用周期________；后者使用周期______，润滑性能______，可使拉刀耐用度成倍提高。

2. 拉刀重磨时，只磨______面，并应保证__________不变。

3. 用锥面刃磨法修磨拉刀时，应使砂轮圆锥面的母线正好与前面的圆锥面________。

4. 用圆周刃磨法修磨拉刀时，应使砂轮圆锥面母线与刀齿前面母线成________夹角。

二、判断题（正确的在括号内打“√”，错误的在括号内打“×”）

1. 拉刀可以放置在拉床床面或其他硬度高的物体上。（　　）

2. 拉刀使用完后必须垂直吊挂在架子上，以免拉刀因自重而产生弯曲变形。（　　）

3. 硫化油切削液只能用于拉削精度要求不高的一般钢材。（　　）

4. 采用圆周刃磨法刃磨拉刀时，砂轮与前面接触面积大，发热多，容易烧伤刃口。（　　）

5. 当拉刀的齿升量较大时，拉削速度应取较小的值。（　　）

6. 用油石修研拉刀刃口上的缺口时，油石的移动方向应沿着拉刀的圆周方向，可以往复或旋转研磨。（　　）

7. 拉刀直径变小，用挤压法修复后，其直径可以增大 0.01～0.02 mm。（　　）

8. 用锥面刃磨法重磨拉刀时所用砂轮的曲率半径必须小于前面的曲率半径。（　　）

9. 当工件材料强度、硬度较高时，拉削速度应适当提高。（　　）

10. 采用锥面刃磨法修磨拉刀时，所使用的砂轮直径不能任意选择。（　　）

11. 拉削后，应用铜刷将附着在切削刃上的切屑刷除干净。如用铜刷清除不掉，可用油石轻轻擦去。严禁用钢刷，也不能用棉纱。 （ ）

12. 拉削速度是拉刀切削用量中唯一能进行调整的参数。 （ ）

三、简答题

1. 如何正确保管拉刀？

2. 简述拉刀的修复方法。

第九章 螺纹刀具

第一节 螺纹车刀

一、填空题（将正确答案填写在横线上）

1. 螺纹刀具按形成螺纹的方法可分为________法加工螺纹刀具和____________法加工螺纹刀具两大类。

2. 螺纹车刀是一种__________简单的成形车刀，可用来加工各种________、______和________的内、外螺纹，主要用________和__________制造。

3. 当螺纹车刀的背前角 $\gamma_p=0°$ 时，其刀尖角 ε_r 必须________被切螺纹的牙型角，并且刀尖角的等分线必须________被切螺纹的轴线。

二、判断题（正确的在括号内打“√”，错误的在括号内打“×”）

1. 螺纹车刀适合加工大尺寸螺纹，并常用于单件、中小批量生产。（ ）

2. 螺纹车刀两侧切削刃的夹角即为刀尖角。（ ）

3. 高速切削时，螺纹车刀的刀尖角应略小于牙型角。（ ）

4. 当高速钢螺纹车刀上磨有背前角时，车出的螺纹牙侧不是直线，而是曲线。（ ）

5. 当螺纹车刀上磨有背前角时，螺纹车刀两侧刃夹角 θ 应小于牙型角。（ ）

6. 当用一块特制的螺纹角度样板检测车刀两侧刃夹角时，样板应与前面平行，而不是水平放置。（ ）

7. 车螺纹时，进刀方向的后角要磨大些。（ ）

8. 通常在硬质合金螺纹车刀上可以磨背前角，而高速钢螺纹车刀上不能磨背前角。（ ）

9. 车右旋螺纹时，由于螺纹升角的存在，使车刀的左侧后角减小，而右侧后角增大。（ ）

三、简答题

1. 当车削右旋螺纹时，螺纹车刀左、右两侧工作后角会发生什么变化？怎样确定车刀左、右两侧刃的刃磨后角？

2. 当车削右旋螺纹时，螺纹车刀左、右两侧工作前角会发生什么变化？如何改进？

3. 现车削一右旋梯形螺纹，螺纹升角 $\psi=5°$，则螺纹车刀左、右两侧后角应各刃磨为多少度？

第二节　丝锥和板牙

一、填空题（将正确答案填写在横线上）

1. 丝锥是用来加工________螺纹的标准螺纹工具。板牙是加工和修整________螺纹的标准刀具。

2. 手用丝锥通常一套两支，分为_______和______，常用于________、________生产。

3. 丝锥的工作部分分为__________和__________。

4. 板牙的基本结构是一个________，轴向开出________，以形成________和________。

二、判断题（正确的在括号内打“√”，错误的在括号内打“×”）

1. 丝锥和板牙常用于加工直径和螺距较小的内、外螺纹，既可手工操作，也可在机床上进行。（　　）

2. 加工通孔右旋螺纹用左旋槽丝锥，加工盲孔右旋螺纹用右旋槽丝锥。（　　）

3. 在车床上拉削螺纹时，工件旋转一周，床鞍带着拉削丝锥向床尾移动一个螺距。（　　）

4. 用拉削方法加工螺纹时必须使用切削液。（　　）

5. 用拉削丝锥在车床上加工右旋螺纹时，主轴应正转。（　　）

6. 机用丝锥常用于大批量生产。 (　　)

7. 板牙用于大批量加工螺纹。 (　　)

8. 为了使套螺纹时省力，工件大径应车削到接近螺纹大径的上偏差。 (　　)

第三节　螺纹铣刀

一、判断题（正确的在括号内打“√”，错误的在括号内打“×”）

1. 盘形螺纹铣刀用于粗切蜗杆或梯形螺纹。 (　　)

2. 梳形螺纹铣刀适用于在专用机床上加工螺距大、长度较长的三角螺纹。 (　　)

3. 高速铣削螺纹刀盘适用于粗加工精度要求不高的较大螺距的螺纹。 (　　)

4. 螺纹切头可以加工几乎各种规格的三角形外螺纹和小于 M36 的内螺纹。 (　　)

5. 盘形铣刀的齿廓形状应与螺纹槽形一致，并尽可能增加齿数。 (　　)

6. 梳形螺纹铣刀相当于把若干盘形铣刀叠在一起。 (　　)

7. 用梳形螺纹铣刀加工螺纹时，工件转一周即可铣出全部螺纹。 (　　)

8. 螺纹铣刀有盘形螺纹铣刀、梳形螺纹铣刀和高速铣削螺纹刀盘三种，一般用于螺纹的精加工，有较高的生产率。 (　　)

二、选择题（将正确答案的序号填写在括号内）

1. 用盘形铣刀加工螺纹时，铣刀轴线与工件轴线应（　　）。

A. 平行　　B. 垂直　　C. 倾斜一个螺旋升角　　D. 倾斜任意角度

2. 用盘形铣刀加工时，（　　）是进给运动。

A. 铣刀旋转　　B. 工件旋转及相对铣刀的移动

C. 工件旋转　　D. 铣刀的轴向进给

3. 梳形螺纹铣刀的宽度（　　）工件长度。

A. 大于　　B. 等于　　C. 小于　　D. 以上都可以

4. 加工中心上常用（　　）来加工螺纹。

A. 梳形螺纹铣刀　　B. 高速铣削螺纹刀盘

C. 螺纹切头　　D. 螺纹立铣刀

第四节　塑性变形法加工螺纹

一、填空题（将正确答案填写在横线上）

1. 螺纹滚压工具是利用________使金属材料产生________变形，以制造各种________形和________形螺纹。

2. 搓丝板由________和________组成。

3. 挤压丝锥与普通丝锥的区别是没有________，也无________。它是利用________的原理加工螺纹的。

二、判断题（正确的在括号内打“√”，错误的在括号内打“×”）

1. 搓丝板只适宜加工 M24 以下的螺纹。（　）
2. 搓丝板不适宜加工薄壁和空心工件。（　）
3. 搓丝板的静板装在纵向移动的滑枕上。（　）
4. 挤压丝锥是用来加工外螺纹的。（　）
5. 挤压丝锥加工完螺纹后的扩张量极小。（　）
6. 挤压丝锥可高速攻螺纹。（　）
7. 挤压丝锥主要用于加工高精度、高强度的塑性材料。（　）

三、选择题（将正确答案的序号填写在括号内）

1. 下面的刀具中，（　）属于塑性变形法加工刀具。

A. 丝锥和板牙　B. 滚丝轮　C. 螺纹车刀　D. 螺纹切头

2. 滚丝轮在滚丝机上是成对使用的，两滚丝轮旋向（　），并与被加工螺纹旋向（　）。

A. 相同　相反　B. 相反　相反　C. 相反　相同　D. 相同　相同

3. 两滚丝轮在安装时轴线相互（　）。

A. 平行　B. 倾斜　C. 垂直　D. 以上都可以

4. 工作时，两滚丝轮（　）旋转。

A. 异向等速　B. 异向不等速　C. 同向等速　D. 同向不等速

第十章　齿轮加工刀具

第一节　齿轮刀具的种类

一、填空题（将正确答案填写在横线上）

1. 按照齿轮齿形的形成原理，齿轮刀具有________法齿轮刀具和________法齿轮刀具两大类。

2. 成形法齿轮刀具切削刃的________与被切齿轮________相同或近似相同，常用的有________齿轮铣刀和________齿轮铣刀。

3. 展成法齿轮刀具________廓形不同于被切齿轮任何剖面的________，工件齿形是由刀具在________中若干位置的包络形成的。

二、判断题（正确的在括号内打“√”，错误的在括号内打“×”）

1. 用成形法齿轮刀具加工齿轮时精度和生产效率都较低。（　）

2. 盘形齿轮铣刀可以加工直齿、斜齿或人字齿齿轮。（　）

3. 指状齿轮铣刀可用于加工大模数的直齿、斜齿或人字齿齿轮。（　）

4. 用展成法齿轮刀具加工齿轮时，一把刀具可以加工同一模数不同齿数的各种齿轮。（　）

5. 剃齿刀主要用于热处理后齿形的精加工。（　）

三、简答题

比较成形法齿轮刀具与展成法齿轮刀具的应用特点。

第二节　齿 轮 滚 刀

一、填空题（将正确答案填写在横线上）

1. 齿轮滚刀是利用一对________齿轮啮合的原理工作的。

2. 用滚刀加工齿轮时，主运动是滚刀______________运动，进给运动包括齿坯的________及滚刀沿工件轴线方向的__________。

3. 齿轮滚刀切削刃组成的蜗杆称为滚刀的__________。

二、判断题（正确的在括号内打“√”，错误的在括号内打“×”）

1. 齿轮滚刀可以对直齿、斜齿轮进行粗、精加工。（　　）
2. 确定齿轮滚刀安装角的基本原则是：滚刀的齿向与齿轮的齿向一致。（　　）
3. 齿轮滚刀是通过修磨前面来进行重磨的。（　　）
4. 加工斜齿轮时，被加工齿轮需在加工直齿运动的基础上增加一个附加转动。（　　）
5. AA 级精度的齿轮滚刀用于加工 7～8 级精度的齿轮。（　　）

三、选择题（将正确答案的序号填写在括号内）

1. 目前一般工具厂制造的标准齿轮滚刀是（　　）蜗杆。

A. 渐开线　　B. 阿基米德　　C. 法向直廓　　D. 米制

2. 选择标准齿轮滚刀时，滚刀的模数和压力角应与被加工齿轮的（　　）压力角相同。

A. 模数和　　B. 切向模数和端面

C. 法向模数和法向　　D. 切向模数和法向

3. 法向直廓蜗杆滚刀的齿形误差比阿基米德蜗杆滚刀（　　）。

A. 大　　B. 小　　C. 相等　　D. 无法比较

四、简答题

如何正确选择齿轮滚刀？

五、计算题

用右旋滚刀滚切右旋齿轮时，若滚刀分度圆螺纹升角 $\lambda_0 = 2°47'$，计算得被切齿轮的螺旋角 $\beta = 8°13'$，求滚齿时滚刀的安装角 φ 的大小。

第三节　蜗 轮 滚 刀

一、填空题（将正确答案填写在横线上）

1. 蜗轮滚刀是利用________与________的啮合原理工作的，蜗轮滚刀相当于与被切蜗轮相啮合的__________。

2. 用蜗轮滚刀加工蜗轮时的进给方式有________进给和________进给两种。

3. 采用径向进给方式加工时，蜗轮滚刀转过一圈，被切蜗轮转过的齿数应________滚刀的螺纹头数。

4. 采用切向进给法加工蜗轮的滚刀，其前端必须制出________。

5. 蜗轮滚刀的顶刃后角应在__________测量。

二、判断题（正确的在括号内打“√”，错误的在括号内打“×”）

1. 蜗轮滚刀是专用刀具。（　　）

2. 蜗轮滚刀的基本蜗杆与工作蜗杆的种类必须相同，不能任意选择。（　　）

3. 蜗轮滚刀采用切向进给方法加工的蜗轮，可以得到较高的齿形精度和表面质量。（　　）

4. 使用蜗轮滚刀采用切向进给方法加工蜗轮时，首先要将滚刀和被切蜗轮的中心距调整到等于工作蜗杆到蜗轮的中心距。（　　）

5. 用蜗轮滚刀采用切向进给方法加工蜗轮时，滚刀最前面的刀齿负荷较小。（　　）

三、选择题（将正确答案的序号填写在括号内）

1. 用径向进给法加工蜗轮，当滚刀沿被切蜗轮径向进给达到规定值时，（　　）。

A. 继续进给，展成运动继续　　B. 停止进给，展成运动继续

C. 停止进给，展成运动停止　　D. 继续进给，展成运动停止

2. 用蜗轮滚刀加工齿距精度要求较高的蜗轮时，应选用（　　）方式。

A. 切向进给　　B. 径向进给　　C. 轴向进给

3. 蜗轮滚刀的外径应比工作蜗杆的外径（　　）。

A. 稍大　　B. 略小　　C. 小　　D. 相等

4. 径向进给蜗轮滚刀切削部分的长度应比工作蜗杆长度大（　　）。

A. 一个轴向齿距　　B. 两个轴向齿距　　C. 三个轴向齿距　　D. 半个轴向齿距

四、简答题

1. 试比较加工蜗轮时采用切向进给和采用径向进给的优缺点。

2. 在选择滚刀的基本蜗杆时，齿轮滚刀和蜗轮滚刀有何异同？

第四节　插　齿　刀

一、填空题（将正确答案填写在横线上）

1. 插齿刀有__________插齿刀、__________插齿刀和__________插齿刀。
2. 插齿刀磨损后应重磨其________。
3. 插齿刀加工出的齿轮齿数由________与______________的传动比决定。

二、判断题（正确的在括号内打"√"，错误的在括号内打"×"）

1. 插齿刀的加工精度比滚刀略低，且不能加工内齿轮及人字齿齿轮。（　　）
2. 插齿刀可用来加工模数和压力角相同的任意齿数的齿轮。（　　）
3. 带凸肩的齿轮尤其适宜用插齿刀加工。（　　）
4. 空刀槽很窄的阶梯齿轮不适宜用插齿刀加工。（　　）
5. 插齿刀的安装精度与齿轮的加工精度无关。（　　）

三、选择题（将正确答案的序号填写在括号内）

1. 加工斜齿轮时，插齿刀的铲形齿轮是与被切齿轮螺旋角大小（　　）的斜齿轮。

A. 相等、旋向相同　　B. 不等、旋向相反

C. 相等、旋向相反　　D. 不等、旋向相同

2. 插齿时的主运动为（　　）。

A. 插齿刀的径向进给　　B. 插齿刀的上下往复运动

C. 齿坯的相对滚动　　D. 齿坯的让刀运动

第五节　剃　齿　刀

一、填空题（将正确答案填写在横线上）

1. 剃齿刀是微量精加工________、__________齿轮的刀具。

2. 剃齿刀的类型有________形剃齿刀、________形剃齿刀和________形剃齿刀，生产中主要使用的是________形剃齿刀。

二、判断题（正确的在括号内打“√”，错误的在括号内打“×”）

1. 剃齿精度不受剃前齿轮加工精度的影响，剃齿加工后其精度可以提高几个级别。 （ ）

2. 剃齿刀的旋向应与被剃齿轮的旋向相反。 （ ）

3. 蜗轮剃齿刀的外径应比所剃蜗杆的外径大 0.2 mm。 （ ）

第十一章　数控加工刀具及工具系统

第一节　数控加工刀具

一、填空题（将正确答案填写在横线上）

1. 现代数控加工技术对数控刀具提出了更高的要求，主要体现有：稳定可靠的________、很高的______、可靠的______和________等。

2. 数控车削常规刀具分为__________、____________、__________三种类型。

3. 尖形车刀是以________________为特征的车刀，其刀尖由直线形的___________和___________相交构成。

4. 表示刀具特征的点称为________。

5. 圆弧形车刀是以____________________________切削刃为特征的车刀，其刀位点在_____________。

6. 目前数控车床上一般使用____________刀具。

7. ______是指切削被加工表面时，刀具切到了不应该切的部分。

8. 加工封闭键槽一般选用________刀。

9. 键槽铣刀有________刀齿，________和________都有切削刃，端面刃延至________。

10. 数控铣削刀具主要包括________、________、__________、____________等。

11. 面铣刀主要用于加工________平面。为满足不同的加工需要，面铣刀可采用不同的角度组合形式，其中主偏角有____、____、____等几种。

12. 立铣刀一般用于加工______、____________及__________，数控立铣刀一般做成螺旋刀齿以增加切削加工的________。

13. 模具铣刀包括__________、______________、______________三种结构形式，主要用于加工空间曲面、模具型腔或凸模成形表面。

14. 螺纹铣刀用于____________的铣削加工，以避免大量不同类型丝锥的使用。螺纹铣刀有________________和________________两种。

15. 在数控铣床上经常使用的钻削刀具有________、________________、________、__________________________、____________________、______等。其中，中心钻可以起到____和________的作用。

二、判断题（正确的在括号内打“√”，错误的在括号内打“×”）

1. 工件的加工轮廓由刀尖的运动轨迹来决定的刀具属于成形类车刀。（　　）

2. 刀位点是对刀和加工的基准点。 ( )

3. 尖形车刀的刀位点一般是指刀具的刀尖。 ( )

4. 用半径为 2 mm 的圆弧车刀加工 $R2$ mm 的圆弧，则该车刀属于圆弧刀类型。( )

5. 数控加工中应尽量少用或不用成形刀。 ( )

6. 刀位点是刀具上的点。 ( )

7. 由于数控机床是一种高精度、高自动化的机床，所以对刀具可以没有更高的要求。 ( )

8. 圆弧形车刀圆弧刃上的每一点都是圆弧形车刀的刀尖。 ( )

9. 成形车刀的刀位点一般也在刀尖。 ( )

10. 尖形车刀几何角度的选择应结合数控加工的特点进行全面的考虑，并兼顾刀尖本身的强度。 ( )

11. 数控车床用可转位刀具与普通车床用可转位刀具一般有本质区别。 ( )

12. 梯形槽刀属于成形刀。 ( )

13. 圆弧刀半径应大大小于零件凹形轮廓的最小曲率半径，以免加工时发生干涉。 ( )

14. 数控车床上用的刀片材料一般多选用涂层刀片。 ( )

15. 键槽铣刀既可作径向进给，也可作轴向进给。 ( )

16. 立铣刀既可作径向进给，也可作轴向进给。 ( )

17. 成形铣刀仅适合于特定零件的加工。 ( )

18. 模具铣刀既可作径向进给，也可作轴向进给。 ( )

19. 立铣刀端面上的切削刃为主切削刃。 ( )

三、选择题（将正确答案的序号填写在括号内）

1. 切断刀属于（ ）。

A. 尖形车刀　B. 圆弧形车刀　C. 成形刀　D. 样板刀

2. 圆弧刀的刀位点在（ ）。

A. 刀尖　B. 圆弧刃的圆心

C. 圆弧刃上的任一点　D. 圆弧刃上的最前点

3. 刀尖倒棱很小的外圆刀属于（ ）。

A. 尖形车刀　B. 圆弧形车刀　C. 成形刀　D. 样板刀

4. 车削内、外表面和光滑连接的成形面时宜选用（ ）。

A. 尖形车刀　B. 圆弧形车刀　C. 成形刀　D. 样板刀

5. 零件的轮廓形状完全由刀刃的形状和尺寸决定的刀具是（ ）。

A. 成形刀　B. 圆弧形车刀　C. 尖形车刀

6. 内螺纹刀属于（ ）。

A. 尖形车刀　B. 圆弧形车刀　C. 成形刀　D. 外圆刀

7. 小半径圆弧刀属于（ ）。

A. 尖形车刀　B. 圆弧形车刀　C. 成形刀　D. 外圆刀

8. 具有加快换刀速度，提高刀具的标准化、合理化程度的是（ ）刀具。

A. 整体式　B. 焊接式　C. 模块化　D. 机夹可转位

9. 加工凹槽和较小的台阶面时宜选择（　　）。

A. 鼓形铣刀　　B. 端铣刀　　C. 立铣刀　　D. 模具铣刀

10. 加工较大平面时应选择（　　）。

A. 立铣刀　　B. 面铣刀　　C. 盘形铣刀　　D. 模具铣刀

11. 球头铣刀的球半径通常（　　）加工曲面的曲率半径。

A. 小于　　B. 大于　　C. 等于　　D. 以上都可以

12. 加工空间曲面、凸模成形面一般选用（　　）。

A. 鼓形铣刀　　B. 模具铣刀　　C. 立铣刀　　D. 面铣刀

13. 以下刀具中，端面没有切削刃的是（　　）。

A. 立铣刀　　B. 模具铣刀　　C. 键槽铣刀　　D. 鼓形铣刀

第二节　数控加工工具系统

一、填空题（将正确答案填写在横线上）

1. 常规加工中心刀具的刀柄均采用________的锥柄，并采用相应类型的拉钉拉紧结构。

2. 数控加工工具系统是用来连接___________和_______的辅助系统。工具系统主要由__________和__________部分组成。

3. 按结构特点，工具系统分为________工具系统和________工具系统。

4. 数控车削加工经常采用________工具系统，主要由____和______两部分组成。

5. 镗铣工具系统模块主要由________、______、______、________等零件组成。

二、判断题（正确的在括号内打“√”，错误的在括号内打“×”）

1. 加工中心的工具系统是刀具与加工中心连接的部分。（　　）

2. 加工中心镗削时为了减小径向力，通常镗刀的主偏角选得较小。（　　）

3. 铣削刀具是加工中心上进行各类表面加工的主要刀具。（　　）

4. 加工中心上加工长径比大于5的深孔时采用加工中心用枪钻。（　　）

5. 加工中心用7∶24的锥柄是因为这种锥柄不自锁。（　　）

三、简答题

1. 简述车削工具系统的组成。

2. 简述数控（镗铣）工具系统的组成。

责任编辑 / 姜华平
责任校对 / 孙艳萍
责任设计 / 崔俊峰

ISBN 978-7-5167-3632-6

定价：9.00元

全国职业技术院校
模具制造/模具设计专业

模具材料与热处理(第二版)习题册

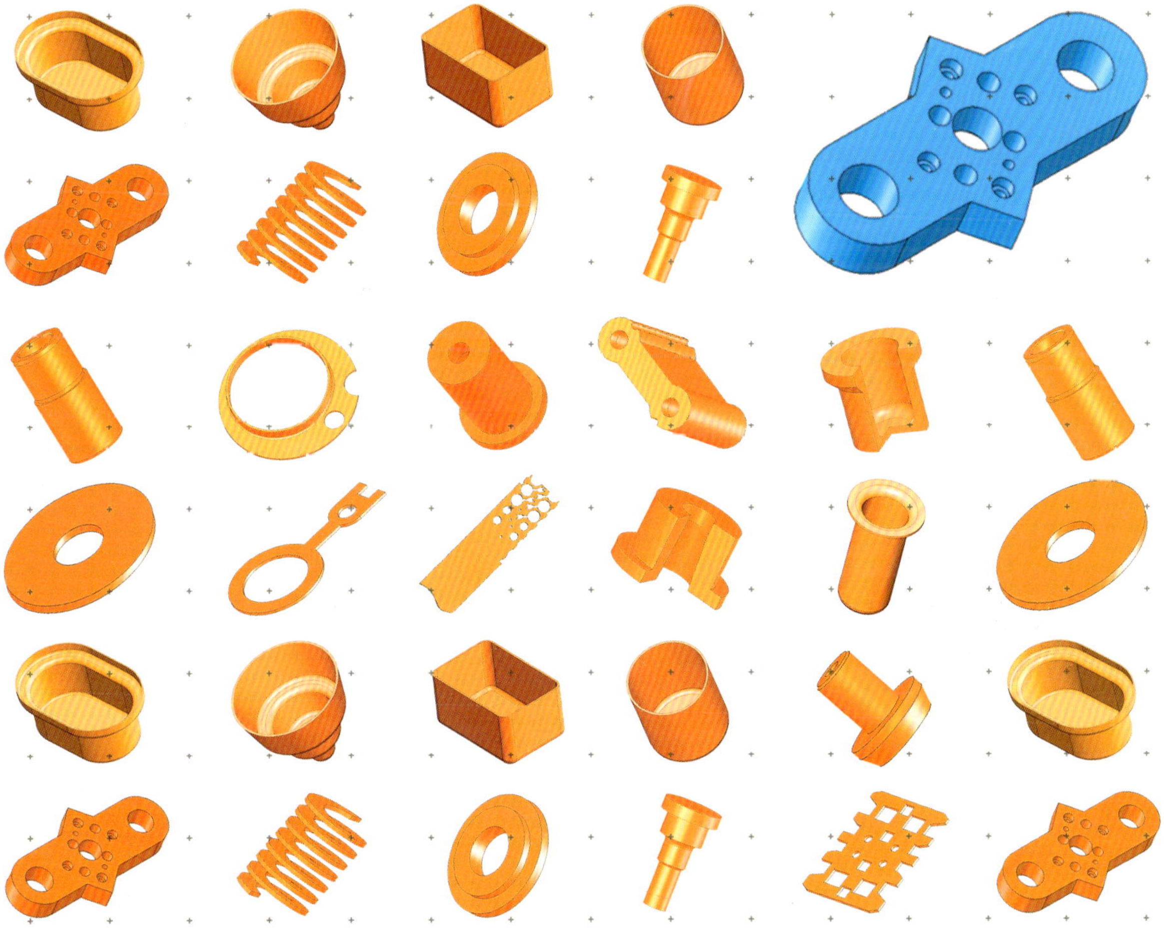

中国劳动社会保障出版社